W0263467

REIHE WISSENSCHAFT

Die REIHE WISSENSCHAFT ist die wissenschaftliche
Handbibliothek des Naturwissenschaftlers und
Ingenieurs und des Studenten der mathematischen,
naturwissenschaftlichen und technischen Fächer.
Sie informiert in zusammenfassenden Darstellungen
über den aktuellen Forschungsstand in den exakten
Wissenschaften und erschließt dem Spezialisten den Zugang
zu den Nachbardisziplinen.

Gerhard Gerlich

Eine neue Einführung in die statistischen und mathematischen Methoden der Quantentheorie

Vieweg · Braunschweig

Dr. *Gerhard Gerlich* ist Privatdozent am Lehrstuhl B für
Theoretische Physik der Technischen Universität Braunschweig

Verlagsredaktion: *Alfred Schubert*

CIP-Kurztitelaufnahme der Deutschen Bibliothek

Gerlich, Gerhard
Eine neue Einführung in die statistischen und
mathematischen Methoden der Quantentheorie.
– 1. Aufl. – Braunschweig: Vieweg, 1977.
  (Reihe Wissenschaft)
  ISBN-13: 978-3-528-06828-8   e-ISBN-13: 978-3-322-85338-7
  DOI: 10.1007/978-3-322-85338-7

1977

Satz: Vieweg, Braunschweig

ISBN-13: 978-3-528-06828-8

Vorbemerkungen

Es handelt sich hier um eine Einführung in die mathematischen
Grundlagen der Quantentheorie, Quantenstatistik und — in gewisser Hinsicht sogar — der gesamten statistischen Physik. Meist wird
die Mathematik der Quantentheorie als geometrische Hilbertraum-
theorie gebracht, bei der gewisse Formeln wahrscheinlichkeitstheo-
retisch bzw. statistisch interpretiert werden. Bei dieser Darstellung
wird umgekehrt vorgegangen. Es kann gezeigt werden, daß sich die
mathematischen Grundlagen der Quantentheorie aus einer einfachen,
natürlich erscheinenden Weiterführung der Maß- und Wahrscheinlichkeitstheorie ergeben, zu der man gelangt, wenn man sich überlegt, wie Aussagen über physikalische Beziehungen formuliert werden können. Hierbei zeigt es sich, daß die Begriffssysteme der
Mengenlehre und Maßtheorie zur Beschreibung physikalischer Zusammenhänge besonders geeignet sind. So lassen sich z. B. viele
physikalische Gesetzmäßigkeiten durch Aussagen über Mengenrela-
tionen ausdrücken, deren Elemente Mengenpaare sind. Ohne wesentliche Erweiterung erhält man bei dieser Betrachtungsweise mit Begriffen der Maßtheorie eine mathematische Struktur, die hier mit
dem Begriff „Paare von Maßmannigfaltigkeiten" gekennzeichnet
wird. In Wirklichkeit werden solche Maßmannigfaltigkeiten eigentlich schon in der klassischen Physik, insbesondere der Elektrodyna-
mik, Relativitätstheorie und klassischen statistischen Mechanik verwendet. Nur liegt in den meisten Darstellungen bei Verwendung der
reellen Mannigfaltigkeiten in der Physik die Betonung mehr auf gewissen topologischen Eigenschaften, die experimentell nicht überprüfbar sind, während die Maßstruktur als nicht so wesentlich betrachtet
wird. Die Schwerpunkte sollten aber eigentlich umgekehrt gesetzt
werden. Macht man z. B. in der Mannigfaltigkeit eine Wahrschein-
lichkeitsaussage, kann man dies mit einer Wahrscheinlichkeitsdichte
beschreiben. Wahrscheinlichkeitsdichten sind aber nur sinnvoll bezüglich eines gewissen Maßes, das für eine Klasse von Teilmengen
der Mannigfaltigkeit definiert ist. Da bei den in der klassischen Physik verwendeten Mannigfaltigkeiten differenzierbare Wahrschein-

lichkeitsdichten vollständig ausreichen, ist die Einschränkung auf differenzierbare (Maß-)Mannigfaltigkeiten nicht sehr einschneidend. In der Quantentheorie kommen aber auch nicht-differenzierbare Mannigfaltigkeiten vor, für die praktisch nur noch die Maßstruktur wichtig ist.

Der wesentliche Unterschied der hier gebrachten Darstellung der Quantentheorie ist darin zu sehen, daß bei der üblichen Quantentheorie die Ereignisse der Physik *nur* mit den Projektionsoperatoren eines Hilbertraums bzw. mit den zugehörigen abgeschlossenen linearen Teilräumen beschrieben werden können, während bei der hier gebrachten Theorie die Ereignisse in natürlicher Weise auch als *Elemente* des natürlichen Vektorraums (Hilbertraums) betrachtet werden können. Wenn man die folgenden Aussagen betrachtet, die nach meiner Meinung mit anderen Theorien in dieser Form nicht erhalten werden, muß man berücksichtigen, daß das Verständnis der üblichen Theorien nicht einheitlich ist. Insbesondere bin ich der Meinung, daß einige der von mir als neu bezeichneten Gesichtspunkte schon implizit in der ursprünglichen „Transformationstheorie" und der „Diracschen Darstellung" der Quantentheorie enthalten sind, ohne aber ihrer wirklichen Bedeutung entsprechend dargestellt zu werden.

1. Die Quantentheorie wird auf dem Grundkonzept der Übergangswahrscheinlichkeit und nicht der Wahrscheinlichkeitsamplituden aufgebaut, wobei die Formel für die Übergangswahrscheinlichkeit auch für das kontinuierliche, nicht nur für das diskrete Spektrum verwendbar ist.

2. Die diskreten Eigenwerte von Operatoren werden durch Konvention (das verwendete theoretische Modell) festgelegt, nicht durch Messungen.

3. In der so aufgebauten Quantentheorie lassen sich wichtige physikalische Beziehungen ohne Korrespondenzprinzip mathematisch formulieren. Das Korrespondenzprinzip wird erst bei sehr fortgeschrittener Idealisierung der statistischen Modelle wichtig.

4. Es wird gezeigt, wie *jede* statistisch verteilte reellwertige Größe mit Hilbertraumoperatoren beschrieben werden kann (Umkehrung des Eigenwertproblems der Quantenmechanik).

5. Es konnte auf das Axiom verzichtet werden, daß der Verband aller physikalischen Fragen isomorph zum Verband aller abgeschlossenen linearen Teilräume eines Hilbertraums ist, ohne daß ein Teil der Mathematik der Quantentheorie verloren ging. Die Integrationsräume haben sogar mehr Eigenschaften als der „abstrakte" Hilbertraum.

6. Es kann eine Möglichkeit zur Erweiterung der üblichen Quantentheorie angegeben werden, die sich äußerlich dadurch beschreiben läßt, daß Wahrscheinlichkeitsdichten nicht nur als $|\ |^2$ geschrieben werden können, sondern auch als $f(|\ |)$, wobei f eine nichtnegative Funktion ist, die nur für Null gleich Null ist, ohne daß irgendwelche wichtigen algebraischen Beziehungen verloren gingen. Die Ereignisse mit der Wahrscheinlichkeit Null sind dann unabhängig von der gewählten Funktion f. Die Nullstellen der Wahrscheinlichkeitsdichten sind für alle Funktionen f an der gleichen Stelle. Als idealisierte Beugungsfigur kann dann nicht nur $|\sin x/x|^2$, sondern auch $f(|\sin x/x|)$ verwendet werden, ohne daß sich etwas an den algebraischen Beziehungen verändert.

7. Die Axiome, die den wesentlichen Teil des mathematischen Apparats festlegen, gelten für die Quantenmechanik *und* die klassische Mechanik. Insbesondere ist die Formel für die idealisierte Übergangswahrscheinlichkeit gleich. Nur die in dieser Formel vorkommende lineare Abbildung U zwischen den natürlichen Vektorräumen kann in der Quantenmechanik weniger einfach sein.

8. Anstelle eines Eigenwertproblems in *einem* Hilbertraum hat man ein Eigenwertproblem für die Funktionen eines Integralkerns einer Integraltransformation zwischen den natürlichen Vektorräumen. Diese Funktionen sind z. B. die „uneigentlichen Eigenfunktionen" und müssen nicht quadratintegrabel sein. Die Integraltransformationen sind die in 7. genannten Abbildungen U. Sie beschreiben in der Quantenmechanik die eigentlichen physikalischen Beziehungen und stimmen mit den Transformationen der „Darstellungswechsel" der üblichen Quantentheorie überein. Man kann dies das „Superpositionsprinzip" der Quantentheorie nennen.

9. Die Abbildungen U der klassischen Mechanik lassen sich noch einfacher als mit Integraltransformationen beschreiben. Die zugehörigen idealisierten Übergangswahrscheinlichkeiten sind für alle in 6. genannten Funktionen *identisch*. Die klassische Mechanik und Quantenmechanik unterscheiden sich also durch diese nicht vorhandene bzw. vorhandene Abhängigkeit der idealisierten Übergangswahrscheinlichkeit von f.

10. Es kann auf einfache Weise angegeben werden, welche Quantentheorien „verborgener Parameter" nicht möglich sind.

11. Versucht man die Beugungsfigur in einem diskreten Ortsraum zu beschreiben — eine Möglichkeit, die in Maßmannigfaltigkeiten gegeben ist — ist es nötig, im Geschwindigkeitsraum die möglichen Meßwerte zu begrenzen. Macht man dies mit der Lichtgeschwindigkeit, erhält man als kleinste Länge im Ortsraum die halbe Comptonwellenlänge. Für die erhaltene Beugungsfigur divergiert im Unterschied zur üblichen das zentrierte zweite Moment nicht.

12. Bei dieser Quantentheorie mit diskretem Ortsraum erfüllen die Orts- und Geschwindigkeitsoperatoren die gleichen Vertauschungsrelationen wie im kontinuierlichen Fall. Deshalb hat der harmonische Oszillator die gleichen Differenzen der Eigenwerte.

Da es praktisch ausgeschlossen ist, von *einer* üblichen Darstellung der Quantentheorie zu sprechen, wird ein Teil dieser Aussagen wohl erst dann verständlich sein, wenn angegeben wird, welche Quantentheorie als „üblich" gelten soll. Zur Erläuterung wird deshalb der Aufbau einer „üblichen" Quantentheorie schematisch der hier dargestellten gegenübergestellt.

Klassische Beschreibung eines physikalischen Systems durch kanonische Variablen.	Ereignisse der Physik sind meßbare Mengen A von Ereignisverbänden. Zu einer Klasse gleichwertiger Meßgeräte gehört ein Ereignisverband, der von Alternativen erzeugt wird.
Kanonisches Übersetzen: kanonische Variable → Operatoren eines Hilbertraums.	
Operatorenalgebra eines Hilbertraums.	Meßbare Mengen entsprechen meßbaren Indikatorfunktionen.

Statistische Interpretation, Hilbertraumelemente sind physikalische „Zustände", der Erwartungswert ist $(\phi, A\phi)$.

Lösung des Eigenwertproblems: $(\phi, A\phi) = \int \lambda d_\lambda (\phi, E_\lambda \phi) = \int \lambda dF(\lambda)$ bzw. $A\phi_a = a\,\phi_a$.

Die Eigenwerte sind die möglichen Meßwerte, der Zustand ϕ bestimmt die Verteilungsfunktion $F(\lambda)$ für die Meßwerte λ.

Die Eigenfunktionen ϕ_a liefern die Transformationen U des Darstellungswechsels.

Die Projektionsoperatoren $P_{\Delta\lambda} = E_{\lambda_2} - E_{\lambda_1}$ der Spektraldarstellungen für alle möglichen Operatoren erzeugen alle möglichen Ereignisse der Physik.

Die Übergangswahrscheinlichkeit für den Übergang vom Zustand ϕ_i in den Zustand ϕ_j ist gegeben durch

$$|(\phi_i, \phi_j)|^2 = (\phi_i, P_{\phi_j}\phi_i) =$$
$$= \mathrm{Spur}(P_{\phi_i} P_{\phi_j})$$

Ungenaue Kenntnis des Ausgangszustands führt zum statistischen Gemisch und Dichteoperator.

Das natürliche Maß μ_G kennzeichnet die möglichen Meßwerte einer Klasse gleichwertiger Meßgeräte.

Die Indikatorfunktionen *eines* Ereignisverbandes, deren μ_G-Maß endlich ist, erzeugen den natürlichen Vektorraum E einer Klasse gleichwertiger Meßgeräte, der zu einem Integrationsraum vervollständigt werden kann.

Die meßbaren Indikatorfunktionen und damit die Ereignisse der Physik können als Projektionsoperatoren *und* (teilweise) als Elemente des Vektorraums E betrachtet werden.

Die Aussagen der Physik sind Wahrscheinlichkeitsangaben für Ereignispaare unterschiedener Ereignisverbände. Eine von dem Ereignis A des ersten Ereignisverbandes abhängige Wahrscheinlichkeitsverteilung für die Ereignisse B des zweiten Ereignisverbandes wird Übergangswahrscheinlichkeit $q(A; B)$ genannt.

Die Modelle der Physik erlauben die Berechnung idealisierter Übergangswahrscheinlichkeiten mit einer linearen Abbildung U von dem ersten natürlichen Vektorraum E_1 in den zweiten natürlichen Vektorraum E_2, wobei die idealisierte Übergangswahrscheinlichkeit gegeben ist durch

$$q(A; B) = \frac{(U(I_A), I_B U(I_A))}{(U(I_A), U(I_A))} \, .$$

In der klassischen Mechanik ist $U(I_A)$ wieder eine Indikatorfunktion, in der Quantenmechanik sind allgemeinere Abbildungen möglich.

Die Abbildungen U sind die Transformationen des Darstellungswechsels der üblichen Quantentheorie.

Eine unsichere Kenntnis der Ereignisse des ersten Ereignisverbandes führt für die Übergangswahrscheinlichkeiten zum Dichteoperator.

Es ist keine Frage, daß ich sehr viel Nutzen gezogen habe aus zahlreichen Lehrbüchern der Quantentheorie. Da es keinen Sinn hat, alle diese Lehrbücher aufzuführen, sollen hier nur die Darstellungen genannt werden, die diese Untersuchungen besonders stark beeinflußt haben: Es sind die Bücher von *J. von Neumann* (1932, 1968), *G. W. Mackey* (1963), *G. Ludwig* (1970) und — in diesem Zusammenhang vielleicht etwas überraschend — die „Ergodentheorie" von *E. Hopf* (1937, 1970). Neben einer Einführung in die wichtigsten Ergebnisse der Maßtheorie findet man bei *Hopf* einen einfachen und eleganten Beweis für die Sätze von *M. H. Stone* und *A. Wintner*, indem die Spektraldarstellung einer einparametrigen linearen Gruppe unitärer Operatoren des Hilbertraums auf den Satz von *S. Bochner* zurückgeführt wird. Der Satz von *S. Bochner* liefert die Spektraldarstellung positiv definiter Funktionen, die auch für die

Spektraldarstellung stationärer Vorgänge benötigt wird (Wiener-Chintschin-Theorem). Aus der Spektraldarstellung dieser Gruppe unitärer Operatoren erhält man sofort die Spektraldarstellung selbstadjungierter Operatoren des Hilbertraums. Eine große Hilfe bei der Beantwortung der Frage, welchen Aussagegehalt Meßergebnisse haben, ist besonders die Arbeit von *G. Ludwig* (1970) gewesen, auch wenn sie von einem anderen Ausgangspunkt mit einem anderen Ziel geschrieben worden ist. Ich hatte nicht die Absicht, die Hilbertraumstruktur des für alle Meßgeräte (Effektteile) einheitlichen Hilbertraums durch Eigenschaften der Messungen (Hauptsätze des Messens) zu kennzeichnen. Mein unterschiedlicher Ausgangspunkt hat dazu geführt, daß mir diese Hilbertraumstruktur nicht mehr so entscheidend vorkommt. Denn nach der hier gebrachten Theorie ist die Quantentheorie weniger eine mathematische Theorie selbstadjungierter Operatoren in einem abstrakten Hilbertraum, sondern eine Theorie von Abbildungen zwischen Integrationsräumen.

Zum äußeren Aufbau ist zu bemerken, daß ich weitgehend mathematische Definitionen, Sätze und Beweise als Anmerkungen gebracht habe, um den mehr physikalischen Teil nicht zu sehr mit mathematischem Stoff zu belasten. Um das Lesen zu vereinfachen, wird am Schluß der Anmerkung die zugehörige Seitenzahl des Haupttextes aufgeführt. Die Anmerkungen sind zum großen Teil auch für den Leser gedacht, der mit der Maß- und Integrationstheorie nicht allzu sehr vertraut ist, damit er zum Verständnis dieses Textes nicht vorher ein Buch über Maßtheorie lesen muß. Aber vielleicht geht es dem Leser nach dem Lesen dieses Bändchens so wie mir, als ich diese Untersuchungen durchführte, daß auch für ihn die Maßtheorie zu dem grundlegenden mathematischen Konzept der theoretischen Physik wird. Da man in der Mathematik als wichtige Grundstruktur meist zuerst die Topologie kennenlernt, hat man leicht das Bestreben, die mathematischen Strukturen der Physik vorwiegend unter topologischen Gesichtspunkten zu sehen. Dabei vergißt man leicht, daß die σ-Algebra als Klasse von Teilmengen die gleiche Rolle in der Maßtheorie spielt wie die Klasse der offenen Teilmengen, die Topologie, in der Topologie — mit dem großen Unterschied, daß physikalische Entscheidungen leichter mit den

X

Elementen der σ-Algebra beschrieben werden können als mit offenen Mengen.

Der Hauptteil des Textes behandelt die Aufstellung von Arbeitshypothesen. Sie sind zu betrachten als Axiome, die man in physikalischen Theorien plausibel machen, aber nicht herleiten oder beweisen kann. Es sei kurz angemerkt, daß mich erst ein Teil dieser Arbeitshypothesen veranlaßte, das Konzept der Übergangswahrscheinlichkeit — abweichend von der meist üblichen Definition — als ein Maß auf Paaren von Mengen und nicht auf Mengen von Paaren zu definieren. Diese Betrachtungsweise (Paare von Maßmannigfaltigkeiten) scheint mir das angemessene mathematische Konzept zu sein, um auch die bei *G. Ludwig* (1974)[1] angesprochene Vortheorie zu behandeln.

Ich danke allen, insbesondere Herrn Prof. Dr. *E. Henze* und Herrn Prof. Dr. *G. Ludwig*, die die Mühe auf sich genommen hatten, das ursprüngliche Manuskript zu lesen, und die durch ihre Hinweise und Anregungen wesentlich zur weiteren Klärung der auch für mich oft ungewohnten Begriffe beigetragen haben. Ich danke auch allen anderen, mit denen ich über die hier behandelten Probleme sprechen konnte, besonders allen Mitarbeitern unseres Lehrstuhls, Prof. Dr. *H. Primas* mit seinen Mitarbeitern, der „Starnberger Gruppe" um Herrn Dr. *M. Drieschner* und Herrn Prof. Dr. *W. Ochs* darüberhinaus für seine Hinweise zu den Ausführungen über die Entropie. Ganz besonders gilt mein Dank Herrn Prof. Dr. *Egon Richter*, ohne dessen förderndes Interesse diese Arbeit wohl kaum geschrieben worden wäre.

G. Gerlich

---

[1] Die Anmerkungen sind ab S. 116 zusammengefaßt.

Inhaltsverzeichnis

1. Einleitung

In vielen Bereichen der theoretischen Physik spielt die Struktur
„reelle Mannigfaltigkeit" eine hervorragende Rolle. Dies wird deutlich, wenn man an die Bedeutung der Tensorrechnung denkt, die
eigentlich nur eine bequeme Rechentechnik für reelle differenzierbare Mannigfaltigkeiten ist. Es soll hier der Frage nachgegangen
werden, welche Eigenschaften physikalischer Messungen die Verwendung der genannten mathematischen Struktur verursachen.
Wenn man fragt, was man bei einem physikalischen Versuch macht,
kann man im allgemeinen feststellen: Es wird ein Gerät gebaut.
Dieses Gerät hat Skalen, und eine Messung besteht in der Regel darin, die Skalenwerte abzulesen. Um ein konkretes Beispiel vor Augen zu haben, denke man an eine Spannungsmessung. Wenn man
versucht, einen kleinen Schritt über das reine Ablesen des Meßinstruments hinauszugehen, erkennt man, daß die Beschreibung dieser physikalischen Messung darin besteht, die abgelesene Zahl
(Spannungsdifferenz) den beiden Punkten zuzuordnen, zwischen
denen die Spannung gemessen wird. Man kann auch davon sprechen,
daß diese Zahl der Kurve (dem Drahtstück) zugeordnet wird, die
von den beiden Punkten berandet wird. Man kann auch Spannungs-
messungen an geschlossenen Drahtschleifen machen, indem die induzierte Umlaufspannung gemessen wird. Dann läßt sich diese physikalische Messung betrachten als Zuordnung einer Zahl (induzierte
Umlaufspannung) zu einer Fläche oder dem Rand der Fläche. Auch
bei anderen Messungen besteht die Beschreibung der physikalischen
Messungen in der Zuordnung abgelesener Skalengrößen (Zahlen)
zu einem Raumgebiet. Dies führt zu der Arbeitshypothese (AH):

(AH 1)   Eine physikalische Messung wird beschrieben durch eine
         Abbildung einer p-dimensionalen Teilmannigfaltigkeit
         einer (geeigneten) n-dimensionalen reellen Mannigfaltig-
         keit in die reellen Zahlen.

Bevor die in (AH 1) verwendeten Begriffe untersucht werden, sollen
die Schritte angedeutet werden, die mit (AH 1) zur Verwendung
der Tensorrechnung führen. Als erstes müssen p-dimensionale Teil-

mannigfaltigkeiten einer n-dimensionalen reellen Mannigfaltigkeit praktisch angegeben werden. Dies ist u. a. verhältnismäßig einfach möglich durch „Parameterdarstellungen von Flächen". Das übliche Integral über p-dimensionale Teilmannigfaltigkeiten kann man betrachten als Abbildung der Teilmannigfaltigkeit in die reellen Zahlen. Insbesondere sind in differenzierbaren Mannigfaltigkeiten tangentiale p-Kovektorfelder, die man auch p-stufige alternierende Differentialformen nennt, ein bequemes Mittel zur Beschreibung solcher Integrale. Nun gibt es einen natürlichen Isomorphismus zwischen alternierenden Tensoren und p-Kovektoren [2]), womit also durch (AH 1) ein Zusammenhang zwischen Experimenten und der Tensorrechnung, zumindest mit einem Teil, nämlich der Rechnung mit alternierenden Tensoren hergestellt ist.

Bei der bisherigen Betrachtung war die n-dimensionale Mannigfaltigkeit der dreidimensionale Ortsraum. Wenn man sich fragt, wodurch die Koordinaten der p-dimensionalen Teilmannigfaltigkeit im dreidimensionalen Ortsraum praktisch gegeben sind, stellt man fest, mindestens durch „Sehen" und genauer durch „Messen" der Koordinaten (des Randes) des Raumgebiets, woraus sich ergibt, daß schon die Punkte der Mannigfaltigkeit durch Messungen festgelegt werden. Es ist das Ziel dieser Betrachtungen, die Eigenschaften der Meßergebnisse, die die Eigenschaften der Mannigfaltigkeiten festlegen können, in einen möglichst direkten Zusammenhang zu den Strukturen der Mannigfaltigkeit zu bringen. Dafür soll eine Definition der n-dimensionalen Mannigfaltigkeit aus gewissen „natürlichen" Eigenschaften von Messungen abgeleitet werden, in der möglichst „Messungen" die wesentlichen definierenden Begriffe sind.

2. Meßergebnisse als Punkte einer reellen Mannigfaltigkeit

Die Verwendung des 3-dimensionalen Ortsraums zur Beschreibung
von Meßergebnissen ist offensichtlich. Daß andere Mannigfaltigkeiten verwendet werden können, zeigen die folgenden Beispiele.
Mit einem Radargerät werden die Ortskoordinaten eines wenig
ausgedehnten Körpers bestimmt. Wenn man den wenig ausgedehnten Körper nicht mit den Augen sehen kann, ist der einzig wahr-
nehmbare Vorgang die Veränderung auf dem Radarschirm, oder
allgemeiner, die Veränderung der Ausschläge der Meßinstrumente.
Genaugenommen gibt dieses Zahlentripel den „Punkt" der Mannigfaltigkeit an. Daß der Ortsraum häufig nur sehr indirekt die Mannigfaltigkeit ist, in der physikalische Messungen beschrieben werden,
wird deutlich bei der Betrachtung einer einfachen Messung der
Thermodynamik (Thermostatik). Bei einem Gas in einem luftdich-
ten Behälter mit beweglichem Stempel und mit eingebautem Thermometer wird die Temperatur und die Ortskoordinate des Stempels
abgelesen. Obwohl das Thermometer nur Kontakt mit einem kleinen Teil des Gasvolumens hat, ordnet man die abgelesene Temperatur dem gesamten Gas zu. Erst in der Hydrodynamik beschränkt
man sich mit dieser Aussage auf ein Volumenelement. Nennt man
also das eingeschlossene Gas in der üblichen Weise ein physikalisches
System, spricht man deshalb davon, daß das System die gemessene
Temperatur hat und daß die möglichen gemessenen Temperaturwerte
mögliche Zustände des Systems beschreiben. Ähnlich ist die Situation
bei der Ortskoordinate des Stempels: Die Veränderung der Ortskoordinate beschreibt die Veränderung des Volumens, in das das
Gas eingeschlossen ist, also wird auch durch diesen Zahlenwert
das gesamte Gas beschrieben. Man faßt diese Aussagen zusammen
zu: Der Zustand dieses physikalischen Systems wird durch das
reelle Zahlenpaar (Temperatur, Volumen) beschrieben, also einen
Punkt einer gewissen 2-dimensionalen Mannigfaltigkeit. Diese
Situation verallgemeinernd, soll verlangt werden:

(AH 2)   Der Zustand eines physikalischen Systems wird durch die
         Skalenwerte (Ausschläge) von n Meßgeräten beschrieben.

Bei (AH 2) fragt man sich sofort, was den Zustand von dem n-tupel der Meßwerte eigentlich noch unterscheidet. Diese Unterscheidung wird durch eine wesentliche experimentelle Praxis nötig: Man hätte ja mit dem gleichen Satz von Meßgeräten, aber mit anderen Skaleneinheiten arbeiten können. Dann erhält man ein neues n-tupel, auch wenn sonst bei dem Experiment nichts verändert wird. Man sagt deshalb, daß das neue n-tupel den „gleichen Zustand" beschreibt. Mathematisch handelt es sich bei diesem Prozeß um den Spezialfall einer umkehrbar eindeutigen Abbildung A einer Teilmenge M_1 des R^n auf eine geeignete Teilmenge M_2 des R^n. Denkt man sich eine weitere solche umkehrbare Abbildung A' von M_1 auf M_2' gegeben, erhält man sofort die Abbildung $A \circ A'^{-1}$ von M_2' auf M_2:

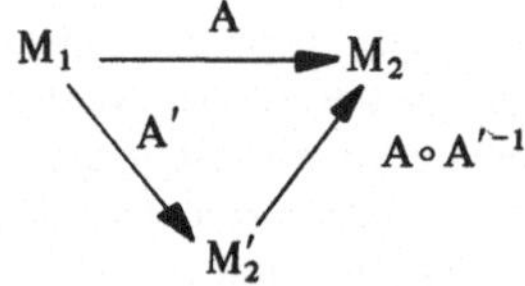

Alle so durch die Veränderung der Skalen definierten Abbildungen sind eine gewisse wohldefinierte Klasse α von Abbildungen[3]), die wiederum eine Klasse von zu M_1 äquivalenten Teilmengen des R^n festlegen, derart, daß zu jedem n-tupel der Teilmenge M_1 in jeder anderen Teilmenge genau ein n-tupel gehört. Alle diese n-tupel beschreiben den gleichen Zustand. Die betrachtete Klasse α von Abbildungen definiert also für jedes n-tupel aus M_1 eine Klasse äquivalenter (gleichwertiger) n-tupel. Diese Klasse reeller n-tupel soll Punkt (oder Element) der reellen n-dimensionalen α-Mannigfaltigkeit genannt werden. Man erhält also die folgende Definition (D):

(D 1)   Es sei M eine Teilmenge des R^n und α eine Klasse von umkehrbar eindeutigen Abbildungen von M auf Teilmengen des R^n. Durch diese Klasse α von Abbildungen wird zu jedem n-tupel aus M eine Klasse äquivalenter n-tupel definiert. Diese Klasse heißt Punkt oder Element einer n-dimensionalen reellen α-Mannigfaltigkeit.[4])

Wie vorne ausgeführt, erhält man für jede Bildmenge M' von M auch eine Klasse α' von umkehrbar eindeutigen Abbildungen von

M' auf M und die übrigen Teilmengen. Alle so definierbaren Abbildungen kann man zur Klasse $\tilde{\alpha}$ zusammenfassen (es ist also immer $\alpha \subset \tilde{\alpha}$). Mit der Klasse $\tilde{\alpha}$ könnte man die Definition (D 1) unabhängig von der Ausgangsmenge M formulieren. Dies ist sprachlich etwas unbequem, und es soll nur die anschaulich wichtige (triviale) Folgerung (F) angegeben werden:

(F 1)   Ein Punkt P oder Element einer n-dimensionalen α-Mannigfaltigkeit ist gegeben durch ein reelles n-tupel $(x^1, \ldots, x^n)$ einer in (D 1) genannten Teilmenge des R^n und eine Klasse α von Abbildungen. Für die so definierte Klasse $\{[(x^1, \ldots, x^n)]\}$ äquivalenter n-tupel schreibt man auch abkürzend

$$P = \{[(x^1, \ldots, x^n)]\} = (x^1, \ldots, x^n),$$

wenn man im üblichen Schreibgebrauch die Klammern als Symbol für die Bildung der Klasse wegläßt, also die Klasse durch einen Repräsentanten kennzeichnet.[5] Man nennt die gewählte Teilmenge des R^n ein Parametersystem oder einen Atlas der α-Mannigfaltigkeit, die Zahlen x^1 bis x^n Parameter des Punktes P und die Abbildungen der Klasse α Parametertransformationen.

Die für die Meßinstrumente verwendeten Skalen legen die Teilmenge des R^n fest, und ein Austausch der Skalen liefert eine neue Teilmenge und wird in der Mannigfaltigkeit durch eine Parametertransformation beschrieben. Die verschiedenen Punkte der Mannigfaltigkeit beschreiben (in jedem Parametersystem oder bei beliebiger Skalenwahl) verschiedene Ausschläge der n Meßgeräte, also verschiedene Zustände des physikalischen Systems.

Die durch den „Skalenwechsel" der Meßinstrumente charakterisierte Klasse α wird meist noch wesentlich vergrößert. Häufig ist es nämlich auch möglich, die n Meßgeräte durch einen Satz von Meßgeräten zu ersetzen, die sich nicht einfach von den ursprünglichen nur durch die ausgetauschten Skalen unterscheiden. Bei dem vorne beschriebenen Experiment aus der Thermostatik ist dies zum Beispiel durch Ersetzen des Ortsmeßgeräts durch ein Druckmeßgerät möglich. Bei diesem Ersetzen nimmt man dann an, daß sich der „Zustand des physikalischen Systems" nicht ändert. Mathematisch bedeutet dies eine Vergrößerung der bisher für die α-Mannigfaltigkeit betrachteten Klasse α. Doch bei diesem Ersetzen muß man eine Schwierigkeit bedenken: Der Ersatz der Meßgeräte kann auch dadurch geschehen, daß die „gleichen" Größen durch die neuen Meßgeräte „genauer" (zum Beispiel durch höhere zeitliche Auflösung) gemessen werden. Das bedeutet aber, daß einem Parameter-n-tupel der ursprünglichen Meßgeräte mehrere Parameter-n-tupel der neuen Meßgeräte entsprechen können. Deshalb ist eine umkehrbare Abbildung für diese Beschreibung ungeeignet. Es soll daher hier die Einschränkung auf n „äquivalente" Meßgeräte gemacht werden, bei denen diese Situation ausgeschlossen ist. Natürlich muß man die Existenz „äquivalenter" Meßgeräte als „Idealisierung" betrachten, die schon dadurch problematisch wird, daß verschiedene Meßinstrumente auch verschieden stark das System beeinflussen. Wir wollen uns hier auf den Standpunkt stellen, daß durch die Verwendung „nichtäquivalenter" Meßinstrumente ein neues physikalisches System erhalten wird, dessen Zustand in einer anderen α-Mannigfaltigkeit beschrieben wird. Dann kann man einen Schritt weitergehen und den bei (AH 2) nicht definierten Begriff „Zustand eines physikalischen Systems" vollständig durch den Punkt einer α-Mannigfaltigkeit ersetzen:

(AH 3) Der Zustand (die Phase) eines physikalischen Systems ist ein Punkt einer n-dimensionalen reellen α-Mannigfaltigkeit. Ein solcher Punkt (Phase, Zustand) wird beschrieben (ist repräsentativ gegeben) durch ein reelles Parameter-n-tupel, die Ausschläge von n Meßgeräten (mit festgelegten Skalen).

3. Ideale Mannigfaltigkeiten

Wenn man Aussagen über gewisse Punkte der Mannigfaltigkeit (oder Zustände des physikalischen Systems) machen will, ist man zuerst gezwungen, die Punkte, für die die Aussagen gelten sollen, praktisch anzugeben. Dies ist nach den bisherigen Ausführungen möglich, wenn man die Parameter der Punkte in einer bestimmten Teilmenge des R^n (anders ausgedrückt: für einen bestimmten Satz von Meßgeräten mit fest gewählten Skalen) angibt. Die Formulierung der Aussagen über die Punkte, bei denen dann in irgendeiner Weise die speziellen Parameterwerte der Punkte eingehen, muß dann so geschehen, daß die Aussagen unabhängig von der bestimmten Teilmenge, also unabhängig von dem für die Aussage gerade gewählten Parametersystem der α-Mannigfaltigkeit sind. Dafür ist dann nötig, daß mit den Aussagen eine Vorschrift angegeben wird, wie sie in andere Parametersysteme umzudeuten (umzurechnen) sind, so daß sich beim Wechsel der Parametersysteme ihr Aussagewert für die gleichen Punkte nicht ändert. Die Vorschrift, Aussagen umzudeuten (umzurechnen), kann man auch ein Abbilden von Aussagen nennen. Jeder Abbildung der Klasse α entspricht dann eine „Abbildung" von Aussagen. Der Wahrheitswert von Aussagen über Punkte der Mannigfaltigkeit muß invariant sein bezüglich dieser „Abbildungen". Wie diese Invarianz der Aussagen im einzelnen zu untersuchen ist, liegt natürlich an der Art, wie die Aussagen mathematisch formuliert werden. Sicher ist, daß diese „Abbildungen" der Aussagen für die Parametersysteme zu Abbildungen der Klasse α werden. Deshalb soll diese Invarianz einfach „Invarianz bezüglich der Klasse α" genannt werden. Es ist klar, daß Aussagen, die invariant bezüglich einer α umfassenden Klasse α' sind, erst recht invariant bezüglich der Klasse α sind, während die Umkehrung in der Regel nicht wahr ist. Wenn man die Invarianz von Aussagen bezüglich α feststellen will, ist es nötig, die Klasse α praktisch anzugeben durch Eigenschaften, die die Klasse α festlegen. Nach den bisherigen Ausführungen ist klar, daß es sich bei α um eine (spezielle) Teilklasse der Klasse α_0 aller umkehrbar eindeutigen Abbildungen von Teilmengen des R^n in sich handelt. Diese Klasse α_0 ist natürlich außergewöhn-

lich „umfangreich" und ihre Elemente haben verhältnismäßig wenig
gemeinsame Eigenschaften (gerade nur die genannten!). Von den
vielen Möglichkeiten, hiervon Teilklassen zu definieren, sollen hier
die folgenden Eigenschaften genannt werden:

a) stetig, b) meßbar, c) n-mal stetig differenzierbar nach allen Variablen, d) unendlich oft differenzierbar, e) beschreibbar durch
Polynome, f) analytisch (in Potenzreihen entwickelbar), g) fast
überall stetig, h) fast überall stetig differenzierbar, i) linear,
k) maßtreu.

Diese Eigenschaften kann man verwenden, um für die in (D 1) definierten Mannigfaltigkeiten die Klassen α anzugeben. Diese reellen
n-dimensionalen Mannigfaltigkeiten erhalten dann die entsprechenden Namen: Lineare Mannigfaltigkeit (mit i), differenzierbare
Mannigfaltigkeit (mit c) und d), analytische Mannigfaltigkeit (mit f).
Die Eigenschaft a) „stetig" wird meist schon vorausgesetzt, wenn
man in der Topologie nur von einer n-dimensionalen reellen Mannigfaltigkeit spricht.[6] Hier könnte man sie analog stetige Mannigfaltigkeiten nennen. Mannigfaltigkeiten mit den Eigenschaften b), g), h)
oder k) sollen hier Maßmannigfaltigkeiten genannt werden. Sie sind
natürlich erst dann definiert, wenn eine Boolesche σ-Algebra des R^n
angegeben wird.

Im Unterschied zu der bei (AH 3) angegebenen Klasse α haben die
Klassen von Abbildungen dieser „idealen" Mannigfaltigkeiten gut
definierte, überschaubare (untersuchte) Eigenschaften. Sie sollen
deshalb α_{ideal} genannt werden. Wenn man versucht, für die Beschreibung physikalischer Messungen statt der „wirklichen" Klasse
α eine geeignete Klasse α_{ideal} zu verwenden, ist zuerst folgendes
zu beachten: Die meisten der genannten Eigenschaften sind nur
sinnvoll, wenn die betrachteten Abbildungen wenigstens auf einer
dichten Teilmenge des R^n definiert sind. Das bedeutet praktisch,
daß die Teilmengen sicher unendlich sind. Dies ist wiederum bei
den vorne genannten Abbildungen der Klasse α sicher nicht der
Fall. Selbst bei den „besten" Skalen kann man nur endlich viele
Werte ablesen. Die Verwendung der Klasse α_{ideal} anstelle von α
ist nur dann sinnvoll, wenn man die Abbildungen aus α_{ideal} auf
die durch die Skalenwerte gegebene Teilmenge des R^n einschränkt.

Dann handelt es sich eigentlich um andere Abbildungen, die aber trotzdem hier α_{ideal} genannt werden sollen. Wenn man die Klasse α in diesem Sinn durch die Klasse α_{ideal} ersetzt, könnte man sich folgende Situationen (S) vorstellen.

(S 1)   Die Klasse α_{ideal} umfaßt die Klasse α.

(S 2)   Die Klasse α umfaßt die Klasse α_{ideal}.

In der Situation (S 1) ist eine bezüglich α_{ideal} invariante Aussage auch invariant bezüglich α. Dann ist nicht auszuschließen, daß es noch wahre Aussagen über Punkte der Mannigfaltigkeit (gewisse physikalische Gesetze) gibt, die bezüglich α invariant sind, aber nicht mehr bezüglich α_{ideal} und deshalb bei der Verwendung der α_{ideal}-Mannigfaltigkeit nicht gefunden werden können, da man sie schon als nicht invariant bezüglich α_{ideal} von der Betrachtung ausgeschlossen hat. Diese Situation kann man sich mit folgendem Beispiel verdeutlichen: In der Thermodynamik verwendet man in der Regel (nichtsymmetrische) differenzierbare Mannigfaltigkeiten. In diesen Mannigfaltigkeiten hat es keinen Sinn, einen Punkt als (invarianten) Ortsvektor zu betrachten (zum Beispiel das Paar Volumen, Temperatur), wie es in einer linearen Mannigfaltigkeit sinnvoll ist. Solche „vektoriellen" Erhaltungssätze wird man dann vermutlich von vornherein von der Betrachtung ausschließen.

Die Situation (S 2) wird man als die normalere ansehen, da man versuchen wird, mit möglichst kleinen Klassen α_{ideal} zu arbeiten, die dann eine größere Zahl invarianter Aussagen zulassen. Falls man diese Klasse zu klein gewählt hat und α die Klasse α_{ideal} umfaßt, ist es dann denkbar, daß Aussagen, die invariant bezüglich α_{ideal} sind, nicht invariant bezüglich α sind und dadurch von vornherein als wahre Aussagen nicht mehr in Frage kommen, ohne daß es in dem mathematischen Modell zum Ausdruck kommt. Diese Situation läßt sich mit dem folgenden Beispiel erläutern: Für die Beschreibung eines Systems von Massenpunkten verwendet man differenzierbare Mannigfaltigkeiten, was normalerweise als Konsequenz hat, daß man die Bewegung der Teilchen durch differenzierbare Kurven beschreibt. Wenn sich die Teilchen „eigentlich" nicht auf differenzierbaren Kurven bewegen, ist diese Beschreibung eventuell nicht ausreichend, und man könnte sich erhoffen, durch

eine Vergrößerung der Klasse α_{ideal} diese nicht differenzierbaren
Kurven besser zu erfassen. Denkbar wäre zum Beispiel der Übergang zu einer nichtdifferenzierbaren Maßmannigfaltigkeit.

Daß analoge Schritte in der Physik wichtig waren, läßt sich beim
Übergang von der speziellen zur allgemeinen Relativitätstheorie
zeigen: Die Phänomene der Gravitation lassen sich mathematisch
erst dann erfassen, wenn man die lineare Minkowskimannigfaltig-
keit abschwächt zu einer nicht notwendig linearen differenzierbaren Mannigfaltigkeit. Wenn man feststellen will, ob analoge
Schritte beim jetzigen Stand der Physik notwendig sind, also zu
einer Verbesserung der physikalischen Beschreibung führen können
oder nicht, muß deutlicher definiert werden, wie die Aussagen und
Beziehungen der Physik formuliert werden und wie der Wahrheitsgehalt solcher Aussagen festgestellt wird.

4. Eigenschaften von Ereignisklassen

Wenn man sich fragt, wie in der Physik Aussagen formuliert werden,
muß zuerst klar sein, worüber in der Physik Aussagen gemacht werden. Es soll hier versucht werden, mit möglichst allgemeinen Arbeitshypothesen zu beginnen, die dann eventuell verschärft werden sollen:

(AH 4)   Die Aussagen der Physik sind Aussagen über Ereignisse.

Diese Arbeitshypothese wirkt zwar sehr allgemein, läßt aber schon
konkrete Schlußfolgerungen zu, wenn man unter Ereignissen den
in der mathematischen Theorie der Wahrscheinlichkeitsrechnung
definierten Begriff versteht.[7]

(AH 5)   Die Ereignisse sind Elemente von Booleschen Verbänden.
         Ein solcher Verband wird auch Boolesche Algebra ge-
         nannt.

Da es sich bei Verbänden um Zusammenfassungen von Elementen
handelt, sind Verbände sicher Klassen. Daß Ereignisse Elemente

von Klassen sind, ist an sich nichts besonderes, vor allem, wenn
man diese Klasse einfach dadurch festlegt, daß alles das Element
dieser Klasse sein soll, was irgendwelche Leute als Ereignis betrachten. Interessant ist deshalb bei den Arbeitshypothesen (AH 4)
und (AH 5) erst, daß sich dann genügend Teilklassen dieser allum-
fassenden Klasse der Ereignisse sinnvoll angeben lassen, die die
Eigenschaften eines Verbandes haben. Dies soll hier versucht werden.

Wenn man unter einem Ereignis etwas versteht, was geschehen ist,
geschieht oder geschehen wird, werden die in den Verbänden definierten Operationen $\cap$, $\cup$ in den praktischen Sprachgebrauch in
der folgenden Weise durch „und" bzw. „oder" übersetzt (BV ist
das Zeichen für Boolescher Verband):

(BV 1) $A \cup B$ geschieht, ist gleichwertig damit, daß A oder B
         geschehen.

(BV 2) $A \cap B$ geschieht, ist gleichwertig damit, daß A und B ge-
         schehen.

Hier soll eine wichtige Einschränkung gemacht werden. Das „Geschehen" eines Ereignisses soll „feststellbar" oder „entscheidbar"
sein. Das Feststellen oder Entscheiden über das Geschehen soll
also immer möglich sein, wenn überhaupt von dem Geschehen der
Ereignisse gesprochen wird. Da in den mathematischen Darstellungen der Wahrscheinlichkeitstheorie die „Feststellbarkeit" oder
„Entscheidbarkeit" meist eine selbstverständliche, nicht explizit genannte Voraussetzung ist, während in physikalischen Darstellungen
(Quantentheorie) an den entsprechenden Stellen vorsichtigere Formulierungen gewählt werden, soll hier ausführlicher erläutert werden, was unter dem „Entscheiden" oder „Feststellen" des Geschehens eines Ereignisses zu verstehen ist. Als Beispiel wird der
Würfelwurf betrachtet. Wenn der Würfel liegt, liest man die Augenzahl ab, zum Beispiel eine 3. Es wird also das durch die Augenzahl
3 gekennzeichnete Ereignis „festgestellt" oder „entschieden". Es
wurde aber dadurch auch entschieden, daß nicht 1, 2, 4, 5, 6 geschehen sind. Wenn man bedenkt, daß auch die verknüpften Ereignisse $A \cup B$ Ereignisse sind, könnte man auch sagen, daß man beim
Ablesen der 3 die Ereignisse 3 oder 2, 3 oder 2 oder 1 usw. festgestellt hat, nämlich sämtliche hier möglichen 3 umfassenden Ereig-

nisse (Es sind 2^5). Damit ist man sprachlich in einer etwas unglücklichen Lage: Es ist ja offensichtlich nur einmal der Würfel geworfen worden, und nur einmal ist die Augenzahl abgelesen worden, trotzdem wurden gleich 2^5 Ereignisse „festgestellt". Dies kann man vermeiden, wenn man das „Entscheiden" oder „Feststellen" des Geschehens der Ereignisse nicht für alle durch die Verbandsverknüpfungen zusammensetzbaren Ereignisse zuläßt, sondern nur gewisse, vorher in bestimmter Weise gekennzeichnete Ereignisse des Verbandes zur „Entscheidung zuläßt". Diese Ereignisse sind beim Würfelwurf die sechs durch die Augenzahlen gekennzeichneten Ereignisse. Wenn man dagegen beim Würfelwurf feststellen (oder entscheiden) will, ob eine gerade oder ungerade Augenzahl geworfen wird, kann man dies auch durchführen, indem die entsprechenden Würfelflächen mit grün bzw. mit rot gekennzeichnet werden. Die ursprünglichen sechs unterschiedenen Ereignisse werden so zu zwei Ereignissen. Es wird dann nur noch festgestellt (entschieden), ob rot oder grün gewürfelt wurde. Beiden Fällen ist gemeinsam, daß die vorher bestimmten Ereignisse, deren Geschehen festgestellt oder entschieden werden soll, sich ausschließen, also sicher nicht gemeinsam festgestellt werden bzw. gemeinsam geschehen. Außerdem ist sicher, daß eines der vorher festgelegten Ereignisse sicher geschieht. Für physikalische Probleme soll dies übernommen werden:

(AH 6)   Es kann nur dann davon gesprochen werden, daß entschieden oder festgestellt wird, daß ein Ereignis A geschieht, wenn vorher festgelegt wurde, über welche A umfassende vollständige Klasse von sich ausschließenden Ereignissen diese Entscheidung oder Feststellung durchzuführen ist. Vollständig soll hier heißen, daß beim Entscheiden oder Feststellen sicher ein Ereignis dieser Klasse geschieht. Die sich ausschließenden Ereignisse werden hier auch Alternativen genannt.[8]

Mit (AH 6) wird klar, welche Ereignisse der Physik jeweils zu *einem* Ereignisverband zusammengefaßt werden. Man nimmt zu einem Ereignis A alle interessierenden Alternativen hinzu und vervollständigt sie. An dieser Stelle stellt sich die Frage, ob man eine endliche oder unendliche Anzahl von sich ausschließenden Ereignissen oder Alternativen in einem Verband zusammenfassen sollte. Wenn man vor dem Entscheiden die Alternativen angeben will, ist man gezwungen, nur endlich viele Alternativen zuzulassen, schon deshalb, weil Entscheidungen über unendlich viele Alternativen schwer durchzuführen sind. Aber ein Schritt ist dann trotzdem noch vorstellbar: Wir nehmen an, wir hätten n Alternativen festgelegt; dann ist es eventuell denkbar, daß unter diesen Alternativen noch eine ist, die man für eine genauere Betrachtung in zwei sich ausschließende Ereignisse zerlegen sollte. Danach hat man n + 1 Alternativen. Wenn man dieses Zerlegen fortsetzen kann, hat es keinen Sinn, mit einem festen n für die Zahl der Alternativen zu arbeiten. In diesem Sinn soll von abzählbar vielen Alternativen gesprochen werden. Man erkennt, daß bei dieser Vereinbarung unter „ abzählbar" die Verwendung des Induktionsprinzips verstanden wird. Zu jedem fest gewählten n für die Zahl der Alternativen kann man ein größeres n′ angeben. Wir legen deshalb fest:

(AH 7)   Die in (AH 6) genannte vollständige Klasse von Alternativen besteht aus endlich vielen Alternativen. Von abzählbar vielen Alternativen wir nur gesprochen, wenn es nicht sinnvoll ist, eine maximale Anzahl anzugeben.

Ist $\{A_i\} \equiv \{A_1, \ldots, A_n\}$ eine vollständige Klasse von sich ausschließenden Ereignissen, ist wegen der Vollständigkeit klar, daß

$$\bigcup_{i=1}^{n} A_i = A_1 \cup A_2 \ldots \cup A_n$$

immer geschieht, wenn festgestellt wird, welches der Ereignisse A_i geschieht. Man nennt dieses Ereignis deshalb das sichere Ergebnis Ω. Es ist bemerkenswert, daß Ω geschieht, wenn festgestellt oder entschieden wird, daß eines der A_i geschieht, egal welches A_i dann geschieht. Wegen der Vollständigkeit der Klasse $\{A_i\}$ geschieht ein A_i sicher. Weil die A_i Alternativen sind, ist sicher, daß das mit der zweiten Verbandsverknüpfung $\cap$ gebildete Ereignis $A_i \cap A_k$ für $i \neq k$ sicher nicht geschieht. Damit diese Verbandsverknüpfung bei der Verwendung von Alternativen nicht aus dem Verband führt, ist es notwendig, das sichere Nichtgeschehen eines Ereignisses als Ereignis $\emptyset$ einzuführen, das unmögliches Ereignis genannt wird (Es ist $\emptyset$ das Symbol für die leere Menge (Klasse)). Da die Alternativen A_i eine vollständige Klasse sind, geschieht $\mathbb{C}\bigcup_i A_i = \mathbb{C}\,\Omega$ sicher nie und es ist also $\mathbb{C}\,\Omega = \emptyset$. Man kann deshalb $\mathbb{C}\bigcup_i A_i = \emptyset$ als Kriterium für die Vollständigkeit der Klasse $\{A_i\}$ ansehen. Die Verwendung der Mengensymbole ist hier nicht nur zufällig, sondern kann auch mit einer Bedeutung versehen werden: Werden mehrere Alternativen durch „oder" für eine neue Klasse von Alternativen zusammengefaßt, wie zum Beispiel die durch die geraden und ungeraden Augenzahlen gekennzeichneten Ereignisse des Würfelwurfs, spricht man davon, daß die ursprünglichen Alternativen in der neuen Alternative enthalten sind. Man setzt deshalb für Ereignisse A und B fest:

(BV 3)   A ist in B enthalten, wofür man schreibt $A \subset B$, ist gleichwertig mit: $A \cap B = A$ oder $A \cup B = B$.

Man erkennt, daß das Zeichen $\subset$ gerade die Bedeutung des üblichen „enthalten sein" von Mengen oder Klassen hat. Für die Beziehung $A \subset B$ sagt man auch, daß A eine Teilmenge von B ist. Da für alle Ereignisse A eines Booleschen Verbandes gilt $\emptyset \subset A \subset \Omega \subset \Omega$, kann man also die Ereignisse auffassen als Teilmengen der Menge Ω.[9] Es kann verschiedene Mengen Ω geben, zu ihnen können verschiedene Boolesche Verbände (oder Boolesche Algebren) gehören. Ein Boolescher Verband oder eine Boolesche Algebra kann daher betrachtet werden als Klasse $\mathbf{A}$ von Teilmengen einer Menge Ω mit den Eigenschaften[10]:

(BA 1) $\emptyset \in \mathbf{A}$, $\Omega \in \mathbf{A}$,

(BA 2)   aus $A \in \mathbf{A}$ folgt $\mathbb{C}\,A = \Omega - A \in \mathbf{A}$,

(BA 3)   aus $A \in \mathbf{A}$ und $B \in \mathbf{A}$ folgt $A \cup B \in \mathbf{A}$ und
          $A \cap B \in \mathbf{A}$.

Aus (BA 3) folgt sofort, daß jede Vereinigung und jeder Durchschnitt von endlich vielen Teilmengen der Klasse $\mathbf{A}$ wieder zu $\mathbf{A}$ gehört.

Die Forderung, daß das „Geschehen" oder „Nichtgeschehen" von Ereignissen „entscheidbar" oder „feststellbar" sein soll, hat hier dazu geführt, daß zum Entscheiden Klassen von sich ausschließenden Ereignissen (Alternativen) verwendet werden. Faßt man in einer solchen Klasse mehrere Alternativen durch „oder" zu einer neuen Alternative zusammen, erhält man eine neue Klasse von Alternativen. Dagegen führt in einer Klasse von Alternativen die zweite Verbandsverknüpfung, das „und", nur zum unmöglichen Ereignis $\emptyset$, das erst durch eine sprachliche Konvention als Ereignis aufgefaßt werden kann. Diese sprachliche Konvention hat natürlich keine praktischen Konsequenzen, in diesem Sinn muß man (BA 1) und teilweise (BA 2) sehen. Erst für die Alternativen aus *verschiedenen* Klassen von Alternativen läßt sich ein nichttriviales „und" definieren: Betrachtet man zwei Klassen von sich ausschließenden Ereignissen, die durch unterschiedliche Zusammenfassungen mit „oder" zu neuen Alternativen aus einer gemeinsamen Klasse von Alternativen entstanden sind, ist es möglich, daß sowohl in einer Alternative B_1 der einen neuen Klasse als auch in einer Alternative B_2 der anderen neuen Klasse Alternativen der ursprünglichen Klasse enthalten sind. Die Zusammenfassung dieser Alternativen durch „oder" zu einer neuen Alternative ist dann das Ereignis $B_1 \cap B_2$. Wenn in B_1 und B_2 keine gemeinsamen Alternativen enthalten sind, ist $B_1 \cap B_2$ das unmögliche Ereignis $\emptyset$.

Man erkennt an diesen Ausführungen, daß die Verbandsverknüpfungen „und" und „oder" eine verhältnismäßig untergeordnete, fast triviale Bedeutung bekommen, wenn man — wie hier geschehen — die „Entscheidbarkeit" des Geschehens von Ereignissen in den Vordergrund stellt. Genaugenommen benötigt man die Verbandsverknüpfungen hier erst, wenn man Aussagen formulieren möchte, ohne sich von vornherein auf *eine* bestimmte Klasse von Alternativen festzulegen, wobei außerdem das „und" gegen das „oder" stark in den Hintergrund tritt. Bei einer Klasse von Alternativen wirkt das „und" ausgesprochen künstlich, erst bei der Betrachtung *mehrerer* Klassen von Alternativen bekommt das „und" eine nichttriviale Bedeutung. Dann ist die Eigenschaft (AH 5) gar nicht so kennzeichnend, wie vorne angegeben wurde. Eine weitere Diskussion des „und" wird durchgeführt, wenn allgemein mehrere Klassen von Alternativen zum cartesischen Produkt zusammengefaßt werden.

5. Aussagen über Ereignisse

Bevor angegeben wird, über welche Ereignisse in der Physik Aussagen gemacht werden, soll zuerst untersucht werden, was für Aussagen über Ereignisse in Frage kommen. Wenn man sich an die Definition hält, daß Ereignisse geschehen (sind, werden), ist die einfachste Aussage die Feststellung, daß ein Ereignis geschehen ist oder nicht. Schon die selbstverständliche Erweiterung dieser Aussage, daß ein Ereignis zweimal geschehen ist, ist problematisch, da es sich hierbei schon um zwei verschiedene Ereignisse handeln könnte. Nun ist es nicht einfach, sehr viel Sinnvolles über Ereignisse zu sagen, wenn sie höchstens einmal auftreten können. Um dies zu vermeiden, soll folgende Vereinbarung (V) getroffen werden:

(V 1)   Wenn von dem Geschehen von Ereignissen gesprochen wird, soll grundsätzlich angenommen werden können, daß eine Vorschrift angegeben ist, nach der gewisse Ereignisse als gleichwertig angesehen werden sollen. Die gleichwertigen Ereignisse werden zu einer Menge zusammengefaßt. Um sprachliche Unbequemlichkeiten zu vermeiden, soll diese Menge Ereignis genannt werden. Die Elemente dieser Mengen sollen Ereigniselemente genannt werden.

Dadurch bekommt die Sprechweise, daß Ereignisse Mengen sind, eine nicht nur symbolische Bedeutung. Die Elemente dieser Mengen nennt man auch Elementarereignisse (elementary events). Da für sie nicht mehr die Mengenoperationen $\cap$, $\cup$ benötigt werden, sollen sie hier Ereigniselemente (elements of events) genannt werden. Wenn es nötig ist, ein Ereigniselement als Ereignis zu betrachten, kann man die einelementige Menge verwenden, die nur das eine Ereigniselement enthält. Aber häufig sind die Ereigniselemente (elements of events) *nicht* die untersuchten Ereignisse (events). Deshalb wird hier der etwas irreführende Begriff Elementarereignis (elementary event) vermieden. Wir fassen dies zusammen zu:

(V 2)   Ereigniselemente sind Elemente von Ereignissen, insbesondere Elemente einer Menge Ω. Die Ereignisse sind Elemente einer Klasse von Teilmengen einer Menge Ω. Diese Klasse von Teilmengen ist eine Boolesche Algebra oder ein

Boolescher Verband, wobei die Verbandsverknüpfungen $\cap$, $\cup$ die übliche Bedeutung Durchschnitt und Vereinigung von Teilmengen haben.[11])

Wenn hier davon gesprochen wird, daß das Geschehen eines Ereignisses A festgestellt oder entschieden wird, ist wegen (AH 6), (V 1) und (V 2) also immer vereinbart: Es gibt eine Vorschrift, nach der gleichwertige Ereignisse (genauer Ereigniselemente) zu einer Menge A zusammengefaßt wurden. Diese Menge A wird Ereignis genannt und ist Element einer (vollständigen) Klasse sich ausschließender Ereignisse (Alternativen), die vorher festgelegt wurden. In der Sprechweise der Mengen handelt es sich bei der vollständigen Klasse sich ausschließender Ereignisse (Alternativen) um eine Klasse disjunkter Teilmengen einer Menge Ω, deren Vereinigung gerade Ω liefert. Dies soll eine (endliche) Zerlegung der Menge Ω genannt werden.

Betrachtet man eine solche vollständige Klasse von k Alternativen $\{A_i\} \equiv \{A_1, \ldots, A_k\}$ und entscheidet n mal, welche dieser Alternativen geschehen ist, stellt man fest, daß A_1 h_1-mal, A_2 h_2-mal, ... und A_k h_k-mal geschehen sind. Wegen der Vollständigkeit der Klasse der Alternativen ist $\sum_{i=1}^{k} h_i = n$. Allgemein kann man die h_i betrachten als Abbildungen der Klasse der Alternativen $A_1, \ldots, A_k$ in die nichtnegativen ganzen Zahlen, die höchstens gleich n sind. Anschaulich ist h_i die Zahl der festgestellten in A_i enthaltenen Ereigniselemente (Elementarereignisse). Die Verhältnisse zwischen den h_i kann man als Näherungsausdruck für den relativen Inhalt (relative Größe, relative Anzahl der Ereigniselemente) der Mengen A_i betrachten. Allgemein nennt man deshalb jede Abbildung dieser Klasse $\{A_i\}$ in die nichtnegativen reellen Zahlen einen Inhalt. Die festgestellten h_i nennt man festgestellte Häufigkeiten der Ereignisse A_i, die Verhältnisse h_i/n relative Häufigkeiten. Diese Häufigkeiten sind also insbesondere Inhalte. Wenn man zwei Alternativen zu einer neuen Alternative zusammenfaßt, zum Beispiel A_1 und A_2, ist die Häufigkeit von $A_1 \cup A_2$ gegeben durch $h_1 + h_2$. Damit hat man also die Möglichkeit, für alle möglichen Elemente der durch die Alternativen A_1 bis A_k erzeugten Booleschen Algebra Häufigkeiten anzugeben.[12])

Deshalb wird — äußerlich etwas allgemeiner wirkend — eine Inhaltsfunktion i auf einer Booleschen Algebra durch die folgenden
Eigenschaften definiert:

(I 1) $i(\emptyset) = 0 \leqslant i(A) \leqslant i(\Omega)$,

(I 2) $i(A \cup B) = i(A) + i(B)$ für $A \cap B = \emptyset$.

Wie aus Häufigkeiten relative Häufigkeiten gebildet werden, können
aus Inhalten relative normierte Inhalte gebildet werden, wenn
$i(\Omega)$ endlich ist:

(W 1) $W(A) = \dfrac{i(A)}{i(\Omega)}$.

Bisher wurden hier Inhalte für eine von *endlich* vielen Alternativen
erzeugte Boolesche Algebra definiert. Was noch nicht berücksichtigt
wurde, ist das bei (AH 7) beschriebene Induktionsprinzip, daß es
nämlich zweckmäßig sein kann, noch feinere Unterteilungen der ursprünglichen Klasse von Alternativen zuzulassen. Dazu betrachte
man als Beispiel den Fall, daß eine Alternative immer noch in nichtleere Alternativen zerlegt werden kann. Es ist dann nicht sinnvoll,
ein endliches n für diese Zerlegung von Ω anzugeben. Es läßt sich
dann Ω schreiben als:

$$\Omega = \bigcup_{i=1}^{\infty} A_i, \quad A_i \neq \emptyset, \quad A_i \cap A_k = \emptyset \quad \text{für} \quad i \neq k.$$

Diese A_i sind dann eine abzählbare Zerlegung der Menge Ω und
werden auch Ereignisse genannt. Da aber das Feststellen oder Entscheiden, ob irgendwelche Alternativen geschehen, nur möglich ist,
wenn die vorher festgelegte Klasse von Alternativen nur endlich viele
Alternativen enthält, ist es notwendig, daß man von einer abzählbaren Zerlegung wieder zu einer endlichen Zerlegung zurückkehren
kann. Dies ist möglich, wenn nicht nur endlich viele, sondern mindestens abzählbar viele Alternativen (Ereignisse) zu einer Alternative zusammengefaßt werden können. Neben (BA 1) bis (BA 3)
wird deshalb für eine nicht endliche Klasse **A** von Ereignissen verlangt:

(BA 4)   Ist $\{A_i\}$ eine abzählbare Klasse (Folge) von paarweise dis-
         junkten Teilmengen aus Ω, die in **A** liegen, ist auch

         $\bigcup_{i=1}^{\infty} A_i$ Element aus **A**.

Hat die Klasse **A** von Teilmengen einer Menge Ω die Eigenschaften (BA 1) bis (BA 3), läßt sich jede abzählbare Vereinigung einer Folge $\{A_i\}$ von Teilmengen aus **A** als Vereinigung einer Folge $\{A_i'\}$ disjunkter Teilmengen aus **A** schreiben.[13]) Deshalb ist es üblich, in (BA 4) die Eigenschaft „paarweise disjunkt" wegzulassen. Mit (BA 2) folgt dann wegen

$$\bigcup_{i=1}^{\infty} \mathbb{C}\, A_i = \mathbb{C} \bigcap_{i=1}^{\infty} A_i$$

auch (BA 3).[14])

Eine Klasse **A** von Teilmengen mit den Eigenschaften (BA 1), (BA 2) und der so abgeschwächten Eigenschaft (BA 4) erfüllt also (BA 1) bis (BA 4) und ist deshalb immer auch eine Boolesche Algebra. Sie wird (Boolesche) σ-Algebra genannt. Entsprechend könnte man von einem (Booleschen) σ-Verband sprechen, der also auch „abgeschlossen" ist bei „Verbandsverknüpfungen", die unendlich oft gebildet werden. Da sich die Häufigkeit einer Alternative nicht dadurch verändern darf, wenn man sie immer wieder in weitere Alternativen zerlegt, verlangt man deshalb auch bei der Inhaltsfunktion für (Boolesche) σ-Algebren, daß sich der Inhalt durch abzählbare Zerlegungen nicht ändern soll. Diese der Inhaltsfunktion entsprechende Funktion μ einer σ-Algebra wird Maß genannt. Sie hat anstelle von (I 2) die Eigenschaft (σ-Additivität)

$$\text{(M 2)} \quad \mu\left(\bigcup_{i=1}^{\infty} A_i\right) = \sum_{i=1}^{\infty} \mu(A_i) \quad \text{für eine beliebige Folge}$$

$$A_i \in A \quad \text{mit} \quad A_i \cap A_j = \emptyset \quad \text{für} \quad i \neq j.$$

Ein Maß μ hat auch die Eigenschaft (I 1). Es gilt also auch für μ

$$\text{(M 1)} \quad \mu(\emptyset) = 0 \leqslant \mu(A) \leqslant \mu(\Omega).$$

Ist $\mu(\Omega)$ endlich, läßt sich das entsprechende normierte Maß bilden, das Wahrscheinlichkeitsmaß oder kurz W-Maß genannt wird. Wenn man keine weiteren allgemeinen Eigenschaften von Ereignissen annehmen will, ergibt sich aus der Definition, daß vor allem die Häufigkeiten des Geschehens sinnvolle Angaben sind. Da die Häufigkeiten sehr stark von der Zahl der tatsächlich durchgeführten Entscheidungen abhängen, sind für die Voraussage relative Häufigkeiten praktisch, die den relativen Inhalten und Wahrscheinlichkeitsmaßen entsprechen. Dies führt also zu der Arbeitshypothese:

(AH 8)   Die Aussagen über Ereignisse werden in der Physik durch Häufigkeiten, normierte Inhalte oder Wahrscheinlichkeitsmaße ausgedrückt.

An dieser Stelle muß man zwischen den *vorausgesagten* und den *festgestellten* oder *entschiedenen* Häufigkeiten unterscheiden. Selbst wenn die vorausgesagten Wahrscheinlichkeiten sehr genau angegeben werden, können die *festgestellten* relativen Häufigkeiten auch bei einer großen Zahl n der Feststellungen untereinander und von den vorausgesagten Häufigkeiten erheblich abweichen. Da dies für das Festlegen des Wahrheitsgehalts physikalischer Aussagen ein wichtiger Punkt ist, soll hier noch etwas näher darauf eingegangen werden. Mit den üblichen kombinatorischen Methoden der Wahrscheinlichkeitsrechnung kann man die Wahrscheinlichkeit dafür angeben, daß beim n-maligen Entscheiden über k Alternativen A_1 bis A_k, deren Wahrscheinlichkeiten p_1 bis p_k ($\neq 0, 1$) sind, h_1-mal $A_1, \ldots, h_k$ mal A_k auftreten. Diese Wahrscheinlichkeit

$$W(h_1, \ldots, h_k) = \frac{n!}{h_1! \ldots h_k!} \, p_1^{h_1} \ldots p_k^{h_k},$$

mit

$$\sum_{i=1}^{\infty} h_i = n, \ \sum_{i=1}^{n} p_i = 1$$

ist nicht gleich 1 für $h_i = n\, p_i$ und auch für Werte $h_i \neq n\, p_i$ von Null verschieden. Damit ist das Überprüfen des Aussagewerts physikalischer Aussagen nur mit der in der Statistik üblichen Methode möglich. Insbesondere sind Wahrscheinlichkeiten für eine Zerlegung von Ω in k Alternativen prinzipiell nicht mit beliebiger Genauigkeit überprüfbar. Mit dem „Gesetz der großen Zahlen", das heißt mit einer Vergrößerung der Zahl der Entscheidungen läßt sich zwar die Genauigkeit verbessern, es gibt aber eine prinzipielle Unsicherheit. Am einfachsten erkennt man dies an dem folgenden Beispiel: Wenn man annimmt, daß die relativen Häufigkeiten für eine bestimmte Zahl n der Entscheidungen exakt den Wahrscheinlichkeiten entsprechen, dann ist dies nach der (n + 1)-ten Entscheidung *sicher* falsch. Diese Schwierigkeiten sind die bekannten Probleme der Statistik und treten immer auf, wenn durch Stichproben Wahrscheinlichkeiten untersucht werden. Der Wahrheitsgehalt von Aussagen wird deshalb mit der in der Statistik gebräuchlichen Weise entschieden. Nebenbei ergibt sich hier, daß es nicht sinnvoll ist, durch n Entscheidungen über die Brauchbarkeit zweier Wahrscheinlichkeitsverteilungen p_i und p_i' für die Alternativen $A_i (i = 1, \ldots, k)$ zu unterscheiden, wenn die Differenzen $p_i - p_i'$ kleiner als $\frac{1}{n}$ sind. Diese Schwierigkeiten haben noch nichts mit dem Problem der Kausalität physikalischer Gesetze zu tun, wie später noch gezeigt wird.

Um Mißverständnisse auszuschließen, soll betont werden, daß die hier gebrachte Plausibilitätsbetrachtung, die von der Booleschen Algebra zur σ-Algebra bzw. vom Inhalt zum Maß geführt hat, nicht dahingehend interpretiert werden soll, daß eine in der Physik zur Berechnung von Wahrscheinlichkeiten verwendete Klasse von Ereignissen höchstens aus abzählbar vielen Ereignissen bestehen darf. Die hier als Modell für teilbare Alternativen verwendete σ-Algebra darf durchaus eine überabzählbare Klasse von Mengen sein. Gerade weil man in der Praxis nur zwischen endlich vielen Alternativen entscheidet, muß man in der mathematischen Struktur die *Möglichkeit* haben, *unendliche* Vereinigungen zuzulassen, um *endliche* Zerlegungen der Menge Ω zu erhalten. Deshalb benötigt man auch ein Maß und nicht nur einen Inhalt.[15]) Nicht wesentlich anders liegt der Fall, wenn es für die betrachtete Menge Ω tatsächlich eine feste feinste Zerlegung in Alternativen geben sollte, die endlich oder mindestens abzählbar ist.[16]) Was eine feinste Zerlegung in Alternativen heißen soll, ist anschaulich klar: Jede für Ω benötigte σ-Algebra ist enthalten in der σ-Algebra, die von den Alternativen (Atomen) der feinsten Zerlegung erzeugt wird. Eine solche σ-Algebra soll atomar heißen. Wenn die Zahl dieser Alternativen (Atome) endlich ist, ist jede σ-Algebra von Ω endlich. Dann fallen begrifflich die Boolesche Algebra mit der σ-Algebra und der Inhalt mit dem Maß zusammen. Wenn dagegen die Zahl der „kleinsten" Alternativen (Atome) abzählbar ist, erhält man eine σ-Algebra, wenn man nicht nur die Komplemente einer Vereinigung von endlich vielen Alternativen als unendliche Vereinigungen zulassen will. Man benötigt dann die σ-Additivität, wenn man mit beliebigen endlichen Zerlegungen von Ω arbeiten will. Es könnte ja in einer benötigten Zerlegung von Ω mehrere Alternativen geben, die nicht endliche Vereinigungen von Alternativen sind.[17] Wenn es nicht sinnvoll ist, ein festes n für die Zahl der Alternativen zu wählen, benötigt man mit (AH 7) mindestens abzählbare Zerlegungen in Alternativen. Man kann deshalb das Modell der möglicherweise teilbaren Alternativen nicht mit einer endlichen (Booleschen) Algebra beschreiben.

Wenn man eine σ-Algebra als Modell für die teilbaren Alternativen verwendet, ist es aber nicht *nötig*, daß die σ-Algebra atomar ist. Es ist nur nötig, daß man für alle Alternativen der interessierenden (endlichen bzw. abzählbaren) Zerlegungen von Ω mit dem Wahrscheinlichkeitsmaß die zugehörigen Wahrscheinlichkeiten berechnen kann. Damit ist also der mathematische Unterschied zwischen den σ-Algebren mit Maßen und Algebren mit Inhalten nicht als Ergebnis einer Idealisierung einer eigentlich endlichen Wirklichkeit (Natur) aufzufassen, sondern als mathematische Notwendigkeit zu sehen, um teilbare Alternativen zu beschreiben, wobei der genannte Unterschied gerade den für die physikalischen Entscheidungen notwendigen Übergang zu den interessierenden Klassen von endlich vielen Alternativen ermöglicht.[18]

6. Ereignisse der Physik

Nach den bisherigen Ausführungen liegt es auf der Hand, das Ablesen eines Meßinstruments (einer Meßskala) als Entscheiden von Alternativen aufzufassen. Durch das Ablesen eines Zahlenwerts werden sicher gewisse andere Zahlenwerte der Skala als Meßergebnisse ausgeschlossen. Es ist nur noch nicht klar, daß über Alternativen entschieden wurde. Das Ablesen einer Zahl von einer Skala ist nur mit endlicher Genauigkeit möglich. Dies kann man auch dadurch ausdrücken, daß bei einer Skala nur endlich viele Zahlen abgelesen werden können. Deshalb sind die ablesbaren Zahlen immer isolierte reelle Zahlen (sie haben keinen Häufungspunkt). Faßt man nun diese isolierten reellen Zahlen als sich ausschließende Ereignisse (Alternativen) auf, kommt man in die Schwierigkeit, daß diese Alternativen gar nicht vorgebbar sind, weil sie durchaus von der Mühe abhängen, die man sich beim Ablesen macht. Deshalb ist es günstiger, für die vorher festzulegenden Alternativen so viele der im Prinzip erkennbaren isolierten Zahlen zu einer Menge (Alternative) zusammenzufassen, daß im Vergleich zu der Anzahl der Elemente dieser Menge die Zahl der isolierten Zahlen, die man eventuell einer falschen Menge (Alternative) bei ungenauerem Ablesen zuordnen würde, klein ist. Dann gehören die meisten der isolierten Zahlen auch bei ungenauerem Ablesen zur gleichen Alternative, so daß die festgestellten Häufigkeiten für die vorgegebenen Alternativen nicht mehr so stark von der Mühe abhängen, die man beim Ablesen aufwendet. Das hierfür nötige Zusammenfassen isolierter Zahlen einer Skala zu einer Menge geschieht am einfachsten dadurch, daß die (isolierten) Zahlen eines Intervalls zu einem Ereignis zusammengefaßt werden. Dann sind also die Intervalle die Ereignisse und die im Prinzip ablesbaren isolierten Zahlen die Ereigniselemente (bzw. die Elementarereignisse). Wenn man dies gemacht hat, ist es nicht mehr vor dem Entscheiden der Alternativen nötig, daß die im Prinzip ablesbaren endlich vielen isolierten Zahlen, die ja von der Mühe abhängig sind, die man beim Ablesen aufwendet, bekannt sind.

Damit man sich mit den am Rand eines Intervalls liegenden Ereigniselementen nicht zu viel Mühe machen muß, kann man die Konvention einführen, daß in den Fällen, in denen man sich nicht zwischen zwei aneinanderliegenden Intervallen (in endlicher Zeit) entscheiden kann, das größere Intervall festgestellt oder entschieden wird. Dieses Prinzip des „Aufrundens" kann man dadurch kennzeichnen, daß man für die Klasse der vorher festgelegten sich ausschließenden Ereignisse nach rechts halboffene Intervalle verwendet. Das sind Mengen der Art

$$[a, b[= \{x \mid x \in R^1, a \leqslant x < b\}.$$

Wenn es nun nicht mehr nötig ist, die tatsächlich im Prinzip nur
feststellbaren isolierten Zahlen eines Intervalls vor dem Entscheiden von Alternativen zu kennen, kann man auch den Schritt weitergehen und alle in einem Intervall liegenden Zahlen als Ereigniselemente betrachten. Abgelesen werden ja doch nur die durch die
Skala und Meßanordnung und die Ablesemühe festgelegten isolierten
Zahlen. Wir fassen diese Überlegungen zur folgenden Arbeitshypothese zusammen:

(AH 9)   In der Physik werden die Ereignisse einer Ereignisklasse
          durch ein Meßgerät mit einer Skala auf Teilmengen des
          R^1 abgebildet. Diese Teilmengen werden die Ereignisse
          der Physik genannt. Die durch eine feste Skala festgelegten,
          sich ausschließenden Ereignisse (Alternativen) sind halb-
          offene Intervalle.

Aus (AH 9) ergibt sich, daß in der Physik die Häufigkeitsangaben
gemacht werden für Zerlegungen der reellen Geraden in halboffene
Intervalle. Die von den halboffenen Intervallen erzeugte σ-Algebra
des R^1 nennt man die Klasse B^1 der Borelmengen. Die von einer
Klasse von Mengen erzeugte σ-Algebra ist die kleinste σ-Algebra, die
die Klasse von Mengen umfaßt, oder der Durchschnitt aller σ-Alge-
bren, die diese Klasse von Mengen umfassen. Wenn man für die Voraussage von Häufigkeiten ein Wahrscheinlichkeitsmaß der Klasse
B^1 verwendet, hat man den Vorteil, daß man für beliebige Zerlegungen des R^1 in halboffene Intervalle, sogar wenn sie abzählbar
sind, Wahrscheinlichkeiten aus dem Wahrscheinlichkeitsmaß berechnen kann. Für den Vergleich mit den dann festgestellten Häufigkeiten
muß man aber die im vorigen Kapitel beschriebenen Schwierigkeiten
bedenken: Da immer nur Häufigkeiten von endlich vielen Alternativen festgestellt werden können, können keine Aussagen über mehr
als endlich viele Alternativen überprüft werden, auch wenn man
deren Wahrheitswert nur statistisch angibt. Dazu betrachte man als
Beispiel die Zerlegung eines halboffenen Intervalls in eine Folge
immer kleinerer Intervalle $A_i (i = 1, 2, \ldots)$. Definiert man als Wahrscheinlichkeitsmaß das Verhältnis der Längen der kleineren Intervalle zur Länge des Gesamtintervalls und wählt für die Mengen
(aus B^1) außerhalb des Intervalls das Maß Null, erhält man ein Wahr-

scheinlichkeitsmaß für B^1. Es seien die p_i die Wahrscheinlichkeiten
für die immer kleiner werdenden Intervalle A_i. Wenn man n mal
irgendwelche der Ereignisse A_i feststellt, stellt man sicher nicht mehr
als endlich viele (höchstens n) verschiedene der A_i fest. Es gibt also
für die festgestellten Häufigkeiten h_i immer ein N mit $h_i = 0$ für
$i \geq N$. Die Verwendung von abzählbar unendlich vielen p_i kann
also immer nur als Modell für endlich viele A_i betrachtet werden,
deren Anzahl nicht festliegt und von der Zahl der durchgeführten
Entscheidungen abhängt. Auch wenn man den Wahrheitsgehalt
statistisch interpretiert, ist deshalb eine Überprüfung der p_i nur
für endlich viele p_i möglich. Aus diesem Grund sind alle Aussagen,
deren Wahrheitswert nur durch Überprüfen von mehr als endlich
vielen p_i festgestellt werden kann, nicht überprüfbar. Diese Aussagen können dann auch nicht falsch sein, da ja bei einer Aussage
nur dann davon gesprochen werden kann, daß sie falsch ist, wenn
sie überprüfbar ist. Insbesondere können auch Folgerungen aus
diesen nicht überprüfbaren Aussagen nicht zu falschen Aussagen,
sondern nur zu nicht überprüfbaren Aussagen führen.

7. Beziehungen zwischen Ereignisklassen

Die Forderung, daß das Geschehen oder Nichtgeschehen von Ereignissen entscheidbar oder feststellbar sein soll, hat dazu geführt,
daß zum Entscheiden Klassen von sich ausschließenden Ereignissen
(Alternativen) verwendet werden. Dabei ergibt sich als Konsequenz,
daß die geforderten Verbandsverknüpfungen „$\cap$, $\cup$" des Ereignisverbandes, die ursprünglich den verwendeten Ereignisverband von
beliebigen Klassen (Zusammenfassungen) von Ereignissen auszeichnen sollten, eine untergeordnete, fast nur noch triviale Bedeutung
bekommen. Insbesondere ist das „und" für Alternativen eine fast
künstlich wirkende Verbandsverknüpfung, da Alternativen sowieso

nicht gemeinsam geschehen, wobei erst durch die konventionelle Einführung des unmöglichen Ereignisses $\emptyset$ sichergestellt wird, daß die Verbandsverknüpfung „und" nicht aus dem Ereignisverband hinausführt. Da die Verbandsverknüpfungen nach den Ausführungen von Kapitel 4 genaugenommen erst gebraucht werden, wenn man *mehrere Klassen* von Alternativen betrachtet, die aus einer gegebenen Klasse von Alternativen durch unterschiedliche Zusammenfassungen von Alternativen entstehen, soll hier ein weiteres „und" eingeführt werden, nicht mehr als Verbandsverknüpfung *einer* Klasse von Ereignissen, sondern als Verbindung von Ereignissen aus eventuell *mehreren* Klassen von Ereignissen. Es seien also zum Beispiel A_1 und A_2 zwei Klassen von Alternativen; dann ist es eine sinnvolle Frage, ob das Ereignis A_1 aus A_1 und A_2 aus A_2 in einer möglicherweise vorgeschriebenen Reihenfolge geschehen oder nicht geschehen, auch wenn die Ereignisklassen A_1 und A_2 nicht zu einem Ereignisverband zusammengefaßt werden. Wir führen also das cartesische Produkt der Klassen A_1 und A_2 von Ereignissen ein durch

$$A_1 \times A_2 = \{(A_1, A_2) \mid A_1 \in A_1, A_2 \in A_2\}$$

und vereinbaren, daß (A_1, A_2) genau dann geschieht, wenn A_1 und A_2 in möglicherweise vorgeschriebener Reihenfolge feststellbar geschehen.[19])

Die Teilklassen von $A_1 \times A_2$ nennt man eine Relation R. Insbesondere ist also das cartesische Produkt $A_1 \times A_2$ selbst eine Relation. Genauer nennt man die Teilklassen von $A_1 \times A_2$ (und damit auch $A_1 \times A_2$) eine zweistellige Relation und die Teilklasse des entsprechend gebildeten p-fachen cartesischen Produkts

$$A_1 \times A_2 \times \ldots \times A_p = \{(A_1, A_2, \ldots, A_p) \mid A_i \in A_i, \ i = 1, \ldots, p\}$$

eine p-stellige Relation. Da das cartesische Produkt für beliebige Klassen definiert werden kann, nicht nur für Klassen von Ereignissen eines Ereignisverbandes, läßt sich auch bilden

$$(A_1 \times \ldots \times A_{p-1}) \times A_p = \{(B, A_p) \mid B \in A_1 \times \ldots \times A_{p-1},$$
$$A_p \in A_p\}$$

und
$$A_1 \times (A_2 \times \ldots \times A_p) = \{(A_1, C) \mid A_1 \in A_1, C \in A_2 \times \ldots \times A_p\}.$$

Es sind (B, A_p) und (A_1, C) die verschieden geklammerten Ereignis-p-tupel

$$(A_1 \text{ und } A_2 \ldots \text{ und } A_{p-1}) \text{ und } A_p$$

bzw.

$$A_1 \text{ und } (A_2 \text{ und } A_3 \text{ und } \ldots \text{ und } A_p),$$

die man, dem üblichen Sprachgebrauch folgend, auch ohne Klammern gleich dem Ereignis-p-tupel

$$A_1 \text{ und } A_2 \text{ und } \ldots \text{ und } A_p$$

setzt. Durch diese Konvention wird das cartesische Produkt ein assoziatives Produkt mit

$$((A_1, \ldots, A_{p-1}), A_p) = (A_1, \ldots, A_p) = (A_1, (A_2, \ldots, A_p))$$

bzw.

$$(A_1 \times \ldots \times A_{p-1}) \times A_p = A_1 \times \ldots \times A_p = A_1 \times (A_2 \times \ldots \times A_p).$$

Es ist dann praktisch, A_i selbst als einstufiges Produkt und eine Teilklasse von A_i (und damit auch A_i selbst) als eine einstellige Relation zu bezeichnen. Eine in $A_1 \times \ldots \times A_p$ enthaltene p-stellige Relation R_{φ_p} nennt man eine p-stellige Abbildungsrelation, wenn aus $(A_1, \ldots, A_{p-1}, A_p) \in R_{\varphi_p}$ und $(A_1, \ldots, A_{p-1}, A_p') \in R_{\varphi_p}$ folgt $A_p = A_p'$. Eine p-stellige Abbildungsrelation ordnet also gewissen Ereignis-$(p-1)$-tupeln $(A_1, \ldots, A_{p-1}) \in A_1 \times \ldots \times A_{p-1}$ ein Ereignis $A_p \in A_p$ zu. Bei einer beliebigen p-stelligen Relation R_{φ_p} kann es für ein $(p\text{-}1)$-tupel $(A_1, \ldots, A_{p-1})$ mehrere A_p aus A_p geben mit $(A_1, \ldots, A_{p-1}, A_p) \in R_{\varphi_p}$. Wir wollen diese Klasse $\varphi_p(A_1, \ldots, A_{p-1})$ nennen:

$$\varphi_p(A_1, \ldots, A_{p-1}) = \{A_p \mid A_p \in A_p,$$
$$(A_1, \ldots, A_{p-1}, A_p) \in R_{\varphi_p}\}.$$

Man erkennt sofort, daß die Relationen ein bequemes Handwerkszeug darstellen, um Beziehungen zwischen Klassen zu beschreiben: Wir setzen voraus, daß A_1 bis A_p vollständige Klassen von Alternativen sind: $A_i = \{A_i^j \mid j = 1, 2, \ldots\}$. Man könnte zum Beispiel feststellen, daß zu einem gegebenen $(p-1)$-tupel von Alternativen

$(A_1^{j_1}, \ldots, A_{p-1}^{j_{p-1}})$ immer nur eine Alternative $A_p^{j_p}$ festgestellt wird.
Dann ist also das Geschehen der Alternativen aus A_p schon voll-
ständig durch die Alternativen aus A_1 bis A_{p-1} bestimmt. Dies
kann man dann durch eine Abbildungsrelation beschreiben. Der
etwas allgemeinere Fall liegt vor, wenn zu einem $(p-1)$-tupel von
Alternativen verschiedene Alternativen aus A_p mit gewissen Häufigkeiten festgestellt werden. Ist $(A_1^{j_p}, A_2^{j_2}, \ldots, A_{p-1}^{j})$ ein gewisses
$(p-1)$-tupel von Alternativen aus $A_1 \times A_2 \times \ldots \times A_{p-1}$, kann man
nach der Häufigkeit für die Alternativen $A_p^{j_p}$ aus A_p fragen, wenn
man das $(p-1)$-tupel $(A_1^{j_1}, \ldots, A_{p-1}^{j_{p-1}})$ festgestellt hat. Man fragt
also nach der Häufigkeit des Ereignis-p-tupels $(A_1^{j_1}, \ldots, A_{p-1}^{j_{p-1}}, A_p^{j_p})$
bei festgehaltenem Ereignis-$(p-1)$-tupel $(A_1^{j_1}, \ldots, A_{p-1}^{j_{p-1}})$. Dies
liefert eine Häufigkeitsverteilung für den Ereignisverband A_p, die
abhängig von dem gewählten Ereignis-$(p-1)$-tupel $(A_1^{j_1}, \ldots, A_{p-1}^{j_{p-1}})$
ist. Wir wollen diese normierten Häufigkeitsverteilungen und die
entsprechenden Wahrscheinlichkeitsverteilungen Übergangswahrscheinlichkeiten nennen:

$$q(A_1^{j_1}, \ldots, A_{p-1}^{j_{p-1}}; A_p^{j_p}) = p(A_p^{j_p}).$$

Mit dieser Definition folgt wegen der Vollständigkeit der Alternativen A_p

$$\sum_{j_p} p(A_p^{j_p}) = \sum_{j_p} q(A_1^{j_1}, \ldots, A_{p-1}^{j_{p-1}}; A_p^{j_p}) = 1.$$

Es ist klar, daß man hierbei nicht gerade den letzten Faktor von
$A_1 \times \ldots \times A_p$, sondern einen beliebigen hätte auszeichnen können.
Um Mißverständnisse auszuschließen, soll der Unterschied zwischen
der hier gegebenen Definition der Übergangswahrscheinlichkeit zur
üblichen Definition erläutert werden. Zwei Ereignisverbände kann
man sich als zwei Klassen A_1 bzw. A_2 von Teilmengen der Mengen
Ω_1 bzw. Ω_2 vorstellen. Wenn man die Menge aller Paare (a, b) von
Ereigniselementen $a \in A_1$ und $b \in A_2$ als Ereignispaar A_1 und A_2
festlegt, erhält man als Ereignispaar die Menge $A_1 \times A_2$. Die aus
diesen Mengen gebildete Klasse von Mengen

$$A_1 \widetilde{\otimes} A_2 = \{A_1 \times A_2 \mid A_1 \in A_1, A_2 \in A_2\}$$

ist eine Klasse von Teilmengen der Menge $\Omega_1 \times \Omega_2$. Da für diese Mengen in der üblichen Weise durch

$$(A_1 \times A_2) \overset{\cap}{\underset{\cup}{}} (B_1 \times B_2) = \{(a, b) \mid (a, b) \in A_1 \times A_2 \ \text{und} \ \text{oder} \ (a, b) \in B_1 \times B_2\}$$

die Durchschnitts- und Vereinigungsbildung definiert ist, liegt es nahe — dies ist aber nicht notwendig —, diese Bildungen für das logische „und" und „oder" heranzuziehen. Dadurch wird für Ereignispaare, die ja sicher *zwei* Entscheidungen benötigen, sofort ein „oder" definiert, obwohl gar nicht klar ist, ob es sinnvoll ist, nachdem man gerade nur die „entscheidbaren" Ereignisse zu einem Ereignisverband zusammengefaßt hatte. In der üblichen Wahrscheinlichkeitsrechnung geht man so vor, daß man die von $A_1 \widetilde{\otimes} A_2$ (mit den oben angegebenen $\cap$, $\cup$-Bildungen) erzeugte σ-Algebra $A_1 \otimes A_2$ einführt und die Übergangswahrscheinlichkeiten auf die Wahrscheinlichkeiten für die Elemente von $A_1 \otimes A_2$ zurückführt.

Wenn man die Teilklassen

$$A_1' = \{A \times \Omega_2 \mid A \in A_1\} \quad \text{bzw.}$$

$$A_2' = \{\Omega_1 \times A \mid A \in A_2\}$$

von $A_1 \otimes A_2$ mit den ursprünglichen Klassen A_1 bzw. A_2 identifiziert,[20] erhält man die ursprünglichen Ereignisverbände als Teilklassen *eines* Ereignisverbandes und kann nun mit der in *einem* Ereignisverband definierten bedingten Wahrscheinlichkeit

$$p(A \mid B) = \frac{p(A \cap B)}{p(B)} \quad \text{für } p(B) \neq 0$$

die Übergangswahrscheinlichkeiten für Ereignisse $A_1^{j_1} \in A_1$ und $A_2^{j_2} \in A_2$ definieren:

$$q(A_1^{j_1}; A_2^{j_2}) = \frac{p((A_1^{j_1} \times \Omega_2) \cap (\Omega_1 \times A_2^{j_2}))}{p(A_1^{j_1} \times \Omega_2)} = \frac{p(A_1^{j_1} \times A_2^{j_2})}{p(A_1^{j_1} \times \Omega_2)}$$

$$\tilde{q}(A_2^{j_2}; A_1^{j_1}) = \frac{p((A_1^{j_1} \times \Omega_2) \cap (\Omega_1 \times A_2^{j_2}))}{p(\Omega_1 \times A_2^{j_2})} = \frac{p(A_1^{j_1} \times A_2^{j_2})}{p(\Omega_1 \times A_2^{j_2})} .$$

Wenn $\{A_1^{j_1} \mid j_1 = 1, 2 \ldots\}$ bzw. $\{A_2^{j_2} \mid j_2 = 1, 2 \ldots\}$ vollständige
Klassen von sich ausschließenden Ereignissen aus A_1 bzw. A_2 sind,
ist die Klasse $\{A_1^{j_1} \times A_2^{j_2} \mid j_1, j_2 = 1, 2, \ldots\}$ eine vollständige Klasse
von sich ausschließenden Ereignissen von $A_1 \otimes A_2$. Deshalb erhält
man:

$$p(\Omega_1 \times A_2^{j_2}) = p\left(\left(\bigcup_{j_1} A_1^{j_1}\right) \times A_2^{j_2}\right) = p\left(\bigcup_{j_1}(A_1^{j_1} \times A_2^{j_2})\right)$$

$$= \sum_{j_1} p(A_1^{j_1} \times A_2^{j_2}) = \sum_{j_1} p(A_1^{j_1} \times \Omega_2)\, q(A_1^{j_1}; A_2^{j_2})$$

bzw.

$$p(A_1^{j_1} \times \Omega_2) = p\left(A_1^{j_1} \times \left(\bigcup_{j_2} A_2^{j_2}\right)\right) = p\left(\bigcup_{j_2}(A_1^{j_1} \times A_2^{j_2})\right)$$

$$= \sum_{j_2} p(A_1^{j_1} \times A_2^{j_2}) = \sum_{j_2} p(\Omega_1 \times A_2^{j_2})\, \tilde{q}(A_2^{j_2}; A_1^{j_1}).$$

Wenn man in der angegebenen Weise A_1 mit A_1' und A_2 mit A_2'
identifiziert hat, kann man diese Beziehungen auch in der Form
schreiben:

$$p(A_2^{j_2}) = \sum_{j_1} p(A_1^{j_1})\, q(A_1^{j_1}; A_2^{j_2})$$

bzw.

$$p(A_1^{j_1}) = \sum_{j_2} p(A_2^{j_2})\, \tilde{q}(A_2^{j_2}; A_1^{j_1}).$$

Diese Formeln lassen sich als Umrechnungsformeln (Abbildungen)
der Wahrscheinlichkeitsverteilungen für *verschiedene* Klassen von
Alternativen auffassen. Man erkennt also, daß bei der üblichen Definition der Übergangswahrscheinlichkeit nicht nur die Existenz eines
Wahrscheinlichkeitsmaßes für den A_1 und A_2 umfassenden Ereignisverband $A_1 \otimes A_2$ vorausgesetzt wird, mit dem die Übergangswahrscheinlichkeiten berechnet werden, sondern auch eine *ganz bestimmte* (in gewisser Hinsicht besonders einfache) Formel für die
Umrechnung von Wahrscheinlichkeitsverteilungen verschiedener
Klassen von Alternativen festgelegt wird. Etwas vereinfachend kann
man den Verzicht auf diese spezielle Umrechnungsformel für ver-

schiedene Klassen von Alternativen als „quantenlogische" Wahrscheinlichkeitsrechnung bezeichnen. Dies wird ausführlicher diskutiert, wenn die Übergangswahrscheinlichkeiten für die Ereignis-p-tupel der Physik genauer festgelegt werden.

Den Unterschied zu der hier gebrachten Definition für die Übergangswahrscheinlichkeit erkennt man äußerlich daran, daß das Geschehen von A_1 aus A_1 und A_2 aus A_2 in der üblichen Wahrscheinlichkeitsrechnung durch $A_1 \times A_2$ gegeben ist, während es hier durch das Paar (A_1, A_2) gegeben ist. Es ist $A_1 \times A_2$ Element von $A_1 \otimes A_2$, und es ist enthalten in $\Omega_1 \times \Omega_2$, während (A_1, A_2) Element von $A_1 \times A_2$ ist, für das nicht ohne weiteres ein „Erhalten sein" definiert ist, was automatisch Verbandsverknüpfungen implizieren könnte. Auch wenn die Ereignispaare (A_1, A_2) nicht als Elemente *eines* Verbandes — des gleichen wie A_1 bzw. A_2 — aufgefaßt werden, ist es möglich, Übergangswahrscheinlichkeiten zu definieren. Natürlich hätte man die Übergangswahrscheinlichkeiten auch mit der in $A_1 \otimes A_2$ enthaltenen Klasse $A_1 \widetilde{\otimes} A_2$ definieren können, doch erkennt man schon äußerlich am Schriftbild der Formeln für die Übergangswahrscheinlichkeit, daß es sich hierbei eigentlich um Funktionen auf (geordneten) Ereignispaaren handelt. Die Paarschreibweise hat den Vorteil, daß nicht sofort durch die natürlichen Mengenoperationen logische Verbandsverknüpfungen impliziert werden. Durch die Paarschreibweise wird natürlich *nicht ausgeschlossen*, daß die Ereignispaare als Elemente *eines* Ereignisverbandes aufgefaßt werden *können*. Die Verbandsverknüpfungen „und" und „oder" können dann definiert werden, ohne daß sie einfach die Mengenoperationen in $\Omega_1 \times \Omega_2$ sein müssen.[21]

Für die Ereignis-p-tupel ist es möglich, daß die letzten $(p - q)$ Alternativen als Elemente *eines* Ereignisverbandes aufgefaßt werden können. Dann erhält man Übergangswahrscheinlichkeiten von dem Ereignis-q-tupel $(A_1^{j_1}, \ldots, A_q^{j_q})$ auf die Ereignis-$(p - q)$-tupel

$$(A_{q+1}^{j_{q+1}}, \ldots, A_p^{j_p}) \in A_{q+1} \times \ldots \times A_p,$$

wobei die Ereignis-$(p - q)$-tupel als Elemente eines Ereignisverbandes aufgefaßt werden:

$$q(A_1^{j_1}, \ldots, A_q^{j_q}; A_{q+1}^{j_{q+1}}, \ldots, A_p^{j_p}) = p(A_{q+1}^{j_{q+1}}, \ldots, A_p^{j_p}).$$

Diese Übergangswahrscheinlichkeiten sind also Wahrscheinlichkeiten für die Ereignis-$(p - q)$-tupel

$$(A_{q+1}^{j_{q+1}}, ..., A_p^{j_p}) \in A_{q+1} \times ... \times A_p .$$

Zur sprachlichen Vereinfachung sollen die Ereignis-q-tupel
$(A_1^{j_1}, ..., A_q^{j_q})$ Ereignisse in der Bedingung (stehend) und die Er-
eignis-$(p - q)$-tupel Ereignisse in der Entscheidung (stehend) genannt werden.

Natürlich liegt es nahe, die Verbandsverknüpfungen für das Ereig-
nis-$(p - q)$-tupel so zu definieren, daß sie den üblichen Definitionen
entsprechen. Dies ist dann eine Eigenschaft der untersuchten Klassen
von Alternativen, die zutreffen *kann*, aber nicht zutreffen *muß*. Wir
treffen deshalb die folgende Vereinbarung:

(V 3)   Gibt es für $(p - q)$ Meßgeräte eine eindeutige Zuordnung
          zwischen den Ereignis-$(p - q)$-tupeln
          $(A_{q+1}, ..., A_p) \in A_{q+1} \times ... \times A_p$, wobei unter A_i wieder
          die σ-Algebren verstanden werden, und den Mengen
          $A_{q+1} \times ... \times A_p$, wobei die Verbandsverknüpfungen für
          die Ereignis-$(p - q)$-tupel den Mengenoperationen in
          $\Omega_{q+1} \times ... \times \Omega_p$ entsprechen, dann nennen wir die $(p - q)$
          Meßgeräte verträglich. Im Sinne dieser Zuordnung sind die
          Ereignis-$(p - q)$-tupel und entsprechenden cartesischen Pro-
          dukte der Mengen als gleich anzusehen

$$(A_{q+1}, ..., A_p) \cong A_{q+1} \times ... \times A_p.$$

Als Folgerung ergibt sich deshalb: Gehören zu den verträglichen
Meßgeräten jeweils die vollständigen Klassen von Alternativen

$$A_i = \{A_i^{j_i} \mid A_i^{j_i} \in \Omega_i\}, \quad i = q + 1, ..., p,$$

dann ist

$$\{(A_{q+1}^{j_{q+1}}, ..., A_p^{j_p}) \cong A_{q+1}^{j_{q+1}} \times ... \times A_p^{j_p} \mid A_i^{j_i} \in A_i,$$

$$i = q + 1, ..., p\}$$

eine vollständige Klasse von Alternativen des Ereignisverbandes
dieser Ereignis-(p − q)-tupel. Für die entsprechenden Übergangswahrscheinlichkeiten gilt dann

$$\sum_{j_q+1,\dots,j_p} q(A_1^{j_1},\dots,A_q^{j_q}\,;\,A_{q+1}^{j_q+1},\dots,A_p^{j_p}) =$$

$$= \sum_{j_q+1,\dots,j_p} p(A_{q+1}^{j_q+1},\dots,A_p^{j_p}) = 1\,.$$

Man könnte nun diese Alternativen durchnumerieren und B_k nennen.
Dann entspricht diese Übergangswahrscheinlichkeit auf dem Ereignisverband der (p − q)-tupel dem Fall der Übergangswahrscheinlichkeit auf einer Klasse von Alternativen (q = p − 1). In (AH 9) sind
dann nur die halboffenen Intervalle des R^1 durch die entsprechenden halboffenen Quader des R^{p-q} zu ersetzen. Deshalb ist es keine
wesentliche Einschränkung, wenn Überlegungen mit Übergangswahrscheinlichkeiten nur für Übergänge von Ereignis-(p − 1)-tupel auf
Alternativen aus A_p betrachtet werden, solange nicht wirklich Eigenschaften gebraucht werden, die im R^1 zwar sinnvoll sind, aber im
R^{p-q} nicht ohne weiteres verwendet werden können.

8. Die Entropie von Übergangs-
wahrscheinlichkeiten

Wenn man die Überlegungen des vorigen Abschnitts bedenkt, liegt
es nahe, in (AH 8) die Wahrscheinlichkeiten durch Übergangswahrscheinlichkeiten zu ersetzen. Man kann sogar sagen, daß die in
(AH 8) genannten Häufigkeiten (Wahrscheinlichkeiten, Inhalte)
diese Form haben müssen. Denn es ist praktisch ausgeschlossen,
irgendwelche Häufigkeiten oder Inhalte von Alternativen voraus-
zusagen, wenn man *nur* das Meßgerät kennt, das diese Alternativen
entscheidet. Die Vorschriften für den Bau des Experiments und die
Versuchsanordnung kann man formal auffassen als das Festlegen

von gewissen Alternativen, die beim Experiment immer festgestellt wurden, wenn die zu untersuchenden Alternativen entschieden werden. Man kann dies auch das Präparieren des Systems nennen, was durch eine gewisse endliche Zahl von Entscheidungen zu geschehen hat, die im Prinzip mit Meßinstrumenten durchzuführen sind. Schon die Angabe, daß alle Augenzahlen beim Würfelwurf gleichwahrscheinlich sind, setzt die Kenntnis gewisser Alternativen voraus: wie er gebaut wurde, das Material, wie er geworfen wird usw. Veränderungen dieser Alternativen können dann zur Veränderung der Wahrscheinlichkeitsverteilung für die Augenzahlen führen. Dazu paßt, daß es wohl kaum physikalische Gesetze gibt, deren experimentelle Bestätigung mit dem Ablesen *einer* Meßskala durchgeführt werden kann. Anders ausgedrückt, kann man davon sprechen, daß es schwer ist, Wahrscheinlichkeiten für Meßergebnisse anzugeben, wenn man keine Kenntnisse des physikalischen Systems hat.

Die Ereignis-$(p-1)$-tupel $(A_1^{j_1}, \ldots, A_{p-1}^{j_{p-1}})$ beschreiben also das Wissen über das physikalische System, das dann nach Möglichkeit die Wahrscheinlichkeit (Übergangswahrscheinlichkeit) für die Alternativen $A_p^{j_p}$ aus A_p festlegt. Man kann sich die Situation auch mit folgendem Beispiel veranschaulichen: Es wird ein luftdichter Kasten gebaut und für ein bestimmtes Gas bei festgelegter Temperatur der Druck gemessen. In der hier gebrachten Bezeichnungsweise werden der Kasten, das Gas und die Temperatur durch die Alternativen $A_1, \ldots, A_{p-1}$ beschrieben, während die Wahrscheinlichkeitsverteilung für die Druckintervalle gemessen (bzw. berechnet) werden muß. Wenn man hier das Temperaturintervall um T_1 Alternative T_1 von A_1 und das zu T_1 disjunkte Intervall um T_2 Alternative T_2 von A_1 nennt, erkennt man, warum hier für die Ereignis-p-tupel i. a. keine Verbandsverknüpfungen verlangt werden. Normalerweise fragt man nicht nach der Wahrscheinlichkeitsverteilung für $A_p^{j_p}$, die Druckintervalle, wenn man T_1 und T_2 also *keine* Temperatur gemessen hat.

Insbesondere ist es normalerweise nicht einfach, aus den gemessenen Übergangswahrscheinlichkeiten für $(T_1, \ldots, A_{p-1}; A_p^{j_p})$ und $(T_2, \ldots, A_{p-1}; A_p^{j_p})$ zu schließen auf die Übergangswahrscheinlichkeit von $(T_1 \cup T_2, \ldots, A_{p-1}; A_p^{j_p})$, wenn man also nicht weiß, welche der beiden Temperaturen man gemessen hat, wobei man *eine* Temperatur aber *sicher* gemessen hat.

Auch wenn man nicht die Vorschriften und mathematischen Möglichkeiten zur Berechnung von Übergangswahrscheinlichkeiten kennt, kann man noch einige allgemeine Aussagen machen. Es ist klar, daß der Physiker möglichst Abbildungsrelationen sucht. Dies bedeutet die Suche nach Übergangswahrscheinlichkeiten, die immer nur für ein bestimmtes $A_p^{j_p}$ gleich 1 und sonst gleich Null sind (wobei natürlich $A_p^{j_p} \neq \Omega_p$ sein soll).

Interessant sind aber auch die Übergangswahrscheinlichkeiten, die nur für wenige $A_p^{j_p}$ ungleich Null sind. Man kann diese Übergangswahrscheinlichkeiten dann als positive Funktionen einer p-stelligen Relation R_{φ_p} auffassen, bei der $\varphi_p(A_1^{j_1}, ..., A_{p-1}^{j_{p-1}})$ im Unterschied zur Abbildungsrelation nicht nur aus einem $A_p^{j_p}$ besteht. Die Abweichung von der Abbildungsrelation kann man kennzeichnen durch die Entropie der Übergangswahrscheinlichkeiten[22]

$$S = -\sum_{j_p} p(A_p^{j_p}) \ln p(A_p^{j_p})$$

bzw. genauer

$$S(A_1^{j_1}, ..., A_{p-1}^{j_{p-1}}) = -\sum_{j_p} q(A_1^{j_1}, ..., A_{p-1}^{j_{p-1}}; A_p^{j_p}) \times$$

$$\times \ln q(A_1^{j_1}, ..., A_{p-1}^{j_{p-1}}; A_p^{j_p}).$$

Da $x \ln x$ für $x \to 0$ gegen Null geht, sind in dieser Formel die Summanden mit

$$q(A_1^{j_1}, ..., A_{p-1}^{j_{p-1}}; A_p^{j_p}) = p(A_p^{j_p}) = 0$$

fortzulassen.

Diese Entropie S ist Null, wenn es sich um p-stellige Abbildungsrelationen handelt. Wenn $p(A_p^{j_p})$ für die endlich vielen $A_p^{j_p}$ gleich ist, gibt e^S die Zahl der vorkommenden $\varphi_p(A_1^{j_1}, ..., A_{p-1}^{j_{p-1}})$ an. Man kann also anschaulich e^S als genäherte Zahl für die Mehrdeutigkeit der p-stelligen Relation betrachten. Je besser die Ereignis-(p − 1)-tupel nur ein $A_p^{j_p}$ festlegen, je „schmaler" also die Verteilung der Übergangswahrscheinlichkeiten wird, desto mehr wird S gleich Null. Man nennt S deshalb auch negative Information über das System. Man muß beachten, daß die Entropie S nicht nur davon abhängt, welches Ereignis-$(p-1)$-tupel in der Bedingung steht, sondern auch davon, welche Klasse von Alternativen vom Ereignisverband A_p gewählt wird. Dies ist besonders wichtig beim Übergang von endlich zu unendlich vielen Alternativen, wie man an dem folgenden Beispiel erkennt: Es sei p_i eine Folge von Wahrscheinlichkeiten, die sich von einem gewissen N an durch eine (endliche) geometrische Folge abschätzen lassen. Dann ist die Entropie

$$S = - \sum_{i=1}^{N} p_i \ln p_i - \sum_{i=N+1}^{N+n} p_i \ln p_i.$$

Es sei also

$$1 - \sum_{i=1}^{N} p_i = r = \sum_{i=N+1}^{N+n} p_i$$

die Gesamtwahrscheinlichkeit für die Ereignisse, deren Wahrscheinlichkeiten sich durch die geometrische Folge abschätzen lassen. Wir wollen diese Ereignisse die Restereignisse nennen. Die Entropie für die Klasse von Alternativen, für die die Restereignisse zu einer Alternative zusammengefaßt werden, ist

$$S_1 = - \sum_{i=1}^{N} p_i \ln p_i - r \ln r.$$

Die Differenz zur ursprünglichen Entropie ist also

$$S - S_1 = - \sum_{i=N+1}^{N+n} p_i \ln p_i + r \ln r = - r \sum_{i=N+1}^{N+n} \frac{p_i}{r} \ln p_i +$$

$$+ r \sum_{i=N+1}^{N+n} \frac{p_i}{r} \ln r = - r \sum_{i=N+1}^{N+n} \frac{p_i}{r} \ln \frac{p_i}{r} =$$

$$= - r \sum_{i=1}^{n} q_i \ln q_i = + r S_r.$$

Es sind die $q_i = \frac{p_{N+i}}{r}$ Wahrscheinlichkeiten mit $\sum_{i}^{n} q_i = 1$ für die

Restereignisse, für die p_{N+i} und damit q_i ungefähr proportional zu einer geometrischen Folge sein soll:

$$q_i = \frac{1-q}{1-q^n}\, q^{i-1}, \ i = 1, 2, \dots .$$

Die Differenz der Entropie S und S_1 ist also gleich dem Produkt aus der Wahrscheinlichkeit r der Restereignisse, multipliziert mit der Entropie S_r einer geometrischen Folge von Wahrscheinlichkeiten. Man kann S_r berechnen und erhält [23]

$$S_r = \ln \frac{1-q^n}{1-q} - \frac{q}{1-q} \ln q + \frac{nq^n}{1-q^n} \ln q.$$

Für $n \to \infty$ erhält man $q_i = (1-q)\, q^{i-1}$ und

$$S_{r\infty} = \ln \frac{1}{1-q} - \frac{q}{1-q} \ln q.$$

Für Werte q, die nicht zu nahe bei Eins liegen, kann diese Entropie also auch für unendlich viele $p_i \neq 0$ sehr klein werden. Für q nahe bei 1 nähert man sich der Gleichverteilung für die Restereignisse. Mit $\epsilon = 1 - q$ erhält man [24]

$$S_r = \ln\left[n + \sum_{\nu=1}^{n-1} \binom{n}{\nu+1}(-\epsilon)^\nu \right] - \frac{\displaystyle\sum_{\nu=1}^{n-1} \nu \binom{n}{\nu+1}(-\epsilon)^\nu}{n + \displaystyle\sum_{\nu=1}^{n-1} \binom{n}{\nu+1}(-\epsilon)^\nu} \sum_{\nu=1}^{\infty} \frac{1}{\nu}\left(\frac{-\epsilon}{1-\epsilon}\right)^{\nu-1}$$

$$= \ln n + 0(\epsilon).$$

Diese Entropie ist also in 0-ter Ordnung von $1-q$ gleich der (maximalen) Entropie der Gleichverteilung. Die Entropie der Verteilung aller Alternativen

$$S = S_1 + r\, S_r$$

kann also mehr oder weniger stark von der Entropie S_1 abweichen, je nachdem, wie das Verhalten der Wahrscheinlichkeiten für die Restereignisse ist. Es liegt rS_r im Bereich 0 bis $r \ln n$, wenn n die Anzahl und r die Gesamtwahrscheinlichkeit der Restereignisse ist.

Man kann eine sehr plausibel wirkende Forderung an die Entropie
für Übergangswahrscheinlichkeiten stellen, die dann natürlich die
mathematischen Modelle zur Berechnung einschränkt. Wir stellen
uns vor, die letzte Alternative des $(p-1)$-tupels $(A_1, ..., A_{p-1})$
sei zur Zeit t_1 festgestellt worden; dann kann man eventuell nach
den Übergangswahrscheinlichkeiten für die Alternativen von A_p
zu verschiedenen Zeiten t_2 fragen. Da man in der Zwischenzeit
keine Messungen am System gemacht hat, sollte man annehmen,
daß die Information über das System für wachsendes t_2 nicht besser
werden kann. Das bedeutet also, daß für die Entropie der Übergangswahrscheinlichkeiten für $t_3 \geqslant t_2$ gelten sollte $S_{t_3} \geqslant S_{t_2}$, wenn die
Zeitabhängigkeit von S in der beschriebenen Weise definiert wird.
Diese Entropiezunahme ist zu unterscheiden von dem 2. Hauptsatz
der Thermodynamik. Das informationstheoretische Prinzip, die Verteilungen maximaler Entropie zu verwenden, die mit dem Kenntnisstand über das System verträglich sind, führt zu einer ähnlichen Ungleichung, die in direkten Zusammenhang zum 2. Hauptsatz gebracht
werden kann.[25] Die Definition für die Zeitabhängigkeit der Entropie
bei *A. Hobson* und *E. T. Jaynes* muß aber von der hier gegebenen
unterschieden werden. Es soll noch einmal darauf hingewiesen werden, daß die Entropie nicht nur von den bekannten (vorausgesetzten)
Alternativen $A_1^{j_1}$ bis $A_{p-1}^{j_{p-1}}$ (in der Bedingung) abhängt, sondern
auch davon abhängt, wie die vorher festgelegte Einteilung der Alternativen von Ω_p (in der Entscheidung) durchgeführt wird.

9. Die natürliche σ-Algebra einer Klasse gleichwertiger Meßgeräte

Es ist nützlich, die mathematischen Möglichkeiten zur Beschreibung
von Übergangswahrscheinlichkeiten zu kennen, die für die in der
Entscheidung stehenden Alternativen Wahrscheinlichkeiten sind.
Zuerst wird hier der Fall behandelt, daß die Alternativen eines Meß-

gerätes in der Entscheidung stehen. Die Erweiterung auf einen Satz
von n verträglichen Meßgeräten soll danach durchgeführt werden.
Nach den Ausführungen in Kapitel 6 sind die Ereignisse eines Meß-
gerätes Elemente der von den halboffenen Intervallen des R^1 erzeugten σ-Algebra $\mathbf{B}^1$ der Borelmengen. Wenn man den Übergang
von allen möglichen nichtleeren rechts halboffenen Intervallen zur
σ-Algebra $\mathbf{B}^1$ macht, werden u. a. auch einpunktige Teilmengen
$[x] \equiv [x, x]$ des R^1 zu Ereignissen, obwohl sie keine rechts halboffenen Intervalle sind, wie es bei (AH 9) eigentlich gefordert wurde.
Es läßt sich nämlich $[x_0]$ als abzählbarer Durchschnitt von rechts
halboffenen Intervallen $[x_0, x_i[$ mit $\lim\limits_{\substack{x_i \to x_0 \\ x_i > x_0}}$ schreiben. Deshalb ge-

hört $[x_0]$ zu $\mathbf{B}^1$. Es stellt sich dann die Frage, wann und ob es trotz
der bei (AH 9) durchgeführten Überlegungen sinnvoll sein kann,
diese idealisierten Ereignisse als mögliche Ereignisse zu betrachten,
ihnen also eine positive Wahrscheinlichkeit zuzuordnen.

Betrachtet man den Fall, daß bei schrittweiser Zerlegung eines Intervalls in nichtleere Teilintervalle immer nur ein Teilintervall eine positive Wahrscheinlichkeit hat, kann man die Vorstellung, daß dies
auch bei weiteren Zerlegungen der Fall ist, dadurch beschreiben,
daß man der Zahl, die durch die Intervallfolge definiert wird, die
„nichtteilbare" positive Wahrscheinlichkeit zuordnet. Da durch
eine solche sicher immer endliche Intervallteilung aber im Prinzip
nicht eine Zahl festgelegt werden kann, sondern immer nur ein
kleines Intervall, hätte man natürlich auch diesem kleinen Intervall
oder einem anderen Punkt dieses Intervalls die „unteilbare" Wahrscheinlichkeit zuordnen können. Es ist klar, daß die Größe dieses
kleinen Intervalls in der Regel von der Zahl der Teilungen (die der
Zahl der durchzuführenden Entscheidungen entsprechen) abhängen
kann, so daß es nicht sinnvoll sein muß, von einem kleinsten unteilbaren Intervall zu sprechen. Man erkennt also, daß das Modell,
mit positiven Wahrscheinlichkeiten für einpunktige Teilmengen des
R^1 zu arbeiten, eine bequeme Beschreibungsform für „unteilbare"
Ereignisse sein kann, wenn es nicht sinnvoll ist, ein kleinstes endliches unteilbares Intervall anzugeben. Als wichtige Konsequenz
dieser Überlegungen wollen wir festhalten, daß es sich bei der Zuordnung der unteilbaren Wahrscheinlichkeit zu einer Zahl um eine

Festlegung (Konvention) des Beobachters handelt. Es stellt sich
dann sofort die Frage, ob es praktisch sein kann, auch sich häufende einpunktige Ereignisse mit positiver Wahrscheinlichkeit zuzulassen. Es ist klar, daß für den Häufungspunkt die eben beschriebene Modellvorstellung nicht durchführbar ist, egal ob die Wahrscheinlichkeit für den Häufungspunkt gleich Null oder ungleich
Null ist. Da aber die Summe von abzählbar vielen positiven Wahrscheinlichkeiten $p[x_i]$ höchstens gleich 1 ist, kann man für jede
positive Zahl δ eine ϵ-Umgebung des Häufungspunkts angeben, so
daß die Summe der $p[x_i]$ über alle Punkte bis auf den Häufungspunkt in der ϵ-Umgebung kleiner als δ ist. Deshalb kann die Gesamtwahrscheinlichkeit für alle $[x_i]$ in einer geeigneten Umgebung
des Häufungspunkts beliebig klein gemacht werden. Diese $p[x_i]$
sind deshalb nach den Überlegungen von Kapitel 5 durch $n < \frac{1}{\delta}$
Entscheidungen nicht überprüfbar. Deshalb kann die Verwendung
von sich häufenden einpunktigen Ereignissen nicht zu überprüfbar
falschen Aussagen führen. Andererseits kann man auch erkennen,
daß es im Prinzip möglich sein sollte, die einpunktigen Ereignisse
durch — wenn auch eventuell sehr kleine, aber doch — endliche
Intervalle zu ersetzen, ohne daß sich beim Überprüfen ein anderer
Wahrheitswert der Aussagen ergeben sollte. Man erkennt hieran
auch, daß die x_i, für die die $p[x_i]$ größer als ein gewisses δ sind,
in einer offenen Menge des R^1 nicht dicht liegen können und daß
ihre Zahl endlich ist: Wenn man z. B. $\delta_n = 2^{-n}(n = 1, 2, \ldots)$ wählt,
kann man die $[x_i]$-Werte für eine feste Wahrscheinlichkeitsverteilung also sicher abzählen. Da es eine Vereinbarung ist, welches x
aus der „kleinen" Menge gerade die unteilbare Wahrscheinlichkeit
erhält, sollte diese Zuordnung für eine Klasse gleichwertiger (als
gleich angesehener) Meßgeräte einheitlich durchgeführt werden
können, und es sollten dann sicher höchstens abzählbar viele einpunktige Teilmengen sein:

(AH 10) Wenn es für eine Klasse gleichwertiger Meßgeräte sinnvoll
        ist, einelementigen Teilmengen des R^1 positive Wahrschein-
        lichkeiten zuzuordnen, ist es möglich, die Vereinigung
        dieser einelementigen Teilmengen zu zählen. Die Ele-
        mente dieser Menge $M = \{\lambda_i \mid i = 1, 2, \ldots\}$ sollen Eigen-
        werte der Klasse der gleichwertigen Meßgeräte genannt
        werden.[26])

Bisher haben wir den Fall behandelt, daß einelementige Teilmengen des R^1 unter gewissen Umständen als Ereignisse aufgefaßt werden können, obwohl sie in (AH 9) nicht explizit genannt wurden. Nun kann es auch umgekehrt den Fall geben, daß gewisse in (AH 9) zugelassene Ereignisse für eine bestimmte Klasse gleichwertiger Meßgeräte nicht vorkommen. Diese Mengen haben also für eine bestimmte Klasse gleichwertiger Meßgeräte immer die Wahrscheinlichkeit Null. Wegen der vor (AH 9) im Kapitel 6 durchgeführten Überlegungen, die zum Prinzip des Aufrundens geführt haben und damit zur Festlegung der Ereignisse als rechts halboffene Intervalle, sollten diese Mengen disjunkte (endliche) offene Intervalle sein: Denn wenn man sich schon nicht entscheiden kann, welchem Ereignis(intervall) man eine Messung zuordnen soll, wird man sie nicht den Ereignissen zuordnen, die von vornherein die Wahrscheinlichkeit Null haben sollen. Das „Prinzip des Aufrundens" wird also um das „Prinzip des Abrundens" ergänzt.[27]) Wir führen deshalb die folgende Arbeitshypothese ein:

(AH 11) Eine Klasse gleichwertiger Meßgeräte legt neben der Menge M der Eigenwerte nach (AH 10) eine eventuell leere Klasse disjunkter angeordneter offener Intervalle fest, deren Teilmengen nach dem Weglassen der Eigenwerte immer Ereignisse mit der Wahrscheinlichkeit Null sind. Das Komplement der Vereinigung dieser offenen Intervalle ist die (abgeschlossene) Menge S. G = S ∪ M sind die möglichen Meßwerte einer Klasse gleichwertiger Meßgeräte.

Zur Veranschaulichung seien die folgenden Spezialfälle erwähnt: M liegt dicht im R^1 und S ist leer; M besteht aus isolierten Zahlen und die dazwischenliegenden Zahlen kommen nicht vor, dann ist G = M; M ist leer, und G ist die Vereinigung disjunkter abgeschlossener Intervalle mit positiver Länge; G ist die Vereinigung disjunkter abgeschlossener Intervalle, die Intervalle von G mit der Länge Null sind Elemente von M.

Hiermit ist klar, daß nur die Ereignisse aus $\mathbf{B}^1$, die Teilmengen von G umfassen, eine positive Wahrscheinlichkeit haben können. Da G und M Elemente von $\mathbf{B}^1$ sind, ist die Menge $G - M \equiv G \cap \mathbf{C} M$ sicher Element von $\mathbf{B}^1$. Man kann annehmen, daß in M alle einelementigen Teilmengen des R^1 enthalten sind, die für eine gegebene

Klasse gleichwertiger Meßgeräte eine positive Wahrscheinlichkeit
haben können; dann haben alle einelementigen Teilmengen von
$G - M$ die Wahrscheinlichkeit Null. Wir wollen nun den Fall $G \neq M$
behandeln: Dann enthält G sicher gewisse Intervalle [a, b] mit positiver Länge $(b - a) > 0$. Dies kann man auch dadurch ausdrücken,
daß das Lebesgue-Borel-Maß (L-B-Maß) von G sicher ungleich Null
ist. Das L-B-Maß auf $\mathbf{B}^1$ ist das eindeutig bestimmte Maß, das den
Intervallen die Differenz der Eckpunkte als Maß zuordnet. Dann
haben einelementige Intervalle [x, x] das L-B-Maß Null und auch
abzählbare Vereinigungen von einelementigen Mengen, also z. B.
die Menge M.

Nun gibt es neben den abzählbaren Teilmengen von $G - M$ noch
weitere Teilmengen, die das L-B-Maß Null haben. Da diese Teilmengen sicher keine endlichen Intervalle (wegen der σ-Additivität)
umfassen können, wollen wir verlangen: Alle L-B-Nullmengen von
$G - M$ sollen für eine gegebene Klasse gleichwertiger Meßgeräte Ereignisse mit der Wahrscheinlichkeit Null sein. Dies kann man in der
folgenden Weise ausdrücken: Ereignisse mit möglicher positiver Wahrscheinlichkeit umfassen für eine Klasse gleichwertiger Meßgeräte
Elemente von M oder (meßbare) Teilmengen mit positivem L-B-
Maß von gewissen (abzählbar vielen) disjunkten abgeschlossenen
Intervallen. Die von diesen Mengen mit möglicher positiver Wahrscheinlichkeit erzeugte σ-Algebra wollen wir G nennen. Sie ist nach
Konstruktion eine σ-Algebra über G und bestimmt durch die Klasse
gleichwertiger Meßgeräte. Sie ist enthalten in der auf G durch $\mathbf{B}^1$
induzierten σ-Algebra[28]) $\mathbf{B}_G^1 = \{A \cap G \mid A \in \mathbf{B}^1\}$.

Da G Element von $\mathbf{B}^1$ ist (nach Konstruktion), ist $\mathbf{B}_G^1$ auch enthalten in $\mathbf{B}^1$. Es ist die Klasse $\mathbf{P}(M)$ aller Teilmengen von M in
$\mathbf{B}_G^1$ und $\mathbf{B}^1$ enthalten, und da $\mathbf{B}^1$ die von den endlichen Intervallen
erzeugte σ-Algebra des R^1 ist, wird $\mathbf{B}_G^1$ von $\mathbf{P}(M)$ und den endlichen
Teilintervallen von G erzeugt. Damit stimmen die $\mathbf{G}$ und $\mathbf{B}_G^1$ erzeugenden Klassen von Teilmengen überein, woraus $\mathbf{G} = \mathbf{B}_G$ folgt.
Es soll $\mathbf{G} = \mathbf{B}_G^1$ die natürliche σ-Algebra der Klasse gleichwertiger
Meßgeräte genannt werden. Eine Menge A aus $\mathbf{G} = \mathbf{B}_G^1$ hat also
möglicherweise eine positive Wahrscheinlichkeit, wenn in ihr Ele-
mente von M enthalten sind oder wenn ihr L-B-Maß nicht Null ist.
Dies kann man bequemer ausdrücken, indem man neben dem L-B-

Maß für die höchstens abzählbar vielen Elemente aus M ein Maß μ_{AP} definiert. Dieses Maß läßt sich sogar auf der Klasse $\mathbf{P}(\mathbf{R}^1)$ aller Teilmengen des $\mathbf{R}^1$ definieren, insbesondere für jede Teilklasse von $\mathbf{P}(\mathbf{R}^1)$: Es sei für eine Teilmenge A des $\mathbf{R}^1$ das Maß $\mu_{AP}(A \cap M)$ gleich der Anzahl der in A liegenden Eigenwerte. Bezeichnen wir für ein $A \in \mathbf{B}^1$ mit $\mu_{LB}(A)$ das L-B-Maß der Menge A, kann man durch

$$\mu_G(A) = \mu_{LB}(A \cap G) + \mu_{AP}(A \cap M)$$

ein Maß auf $\mathbf{B}^1$ definieren.[29] Dieses Maß kann wegen $G = \mathbf{B}_G^1 \subset \mathbf{B}^1$ insbesondere als Maß auf G aufgefaßt werden. Damit sind die Teilmengen des $\mathbf{R}^1$, die Elemente von $G = \mathbf{B}_G^1$ sind und deren μ_G-Maß nicht Null ist, Ereignisse mit möglicher positiver Wahrscheinlichkeit. Für das Maß μ_G ist es später wichtig, daß es σ-endlich ist.[30] Es soll μ_G *natürliches Maß* der Klasse gleichwertiger Meßgeräte genannt werden. Es ist praktisch, daß μ_G nicht nur auf $G = \mathbf{B}_G^1$, sondern für $\mathbf{B}^1$ definiert werden konnte. Es ist aber folgende sprachliche Unbequemlichkeit möglich: Es gibt nichtleere Teilmengen aus G, deren μ_G-Maß Null ist und die nichtleere Teilmengen des $\mathbf{R}^1$ umfassen, die nicht in $\mathbf{B}^1$ liegen, also nicht meßbar sind und deshalb auch nicht das Maß Null haben. Wenn G = M ist, ist dies ausgeschlossen, da dann nur die leere Teilmenge das Maß Null hat. Im Fall $\mu_{LB}(G - M) \neq$ $\neq 0$ ist es aber möglich,[31] da $\mathbf{B}^1$ echt enthalten ist in der Klasse $\mathbf{P}(\mathbf{R}^1)$ aller Teilmengen von $\mathbf{R}^1$. Diese Teilmengen sind also keine Ereignisse mit der Wahrscheinlichkeit Null, weil sie nicht meßbar sind. Man kann dies vermeiden, indem man alle Teilmengen der meßbaren Mengen vom Maß Null (Nullmengen) zur σ-Algebra hinzufügt und damit meßbar nennt. Man nennt dies die vervollständigte σ-Algebra G_0 (bzw. $\mathbf{B}_0^1$) und das Maß das vervollständigte Maß μ^0. Durch Vervollständigen bleibt offensichtlich ein σ-endliches Maß σ-endlich. Beim L-B-Maß führt dies zum Lebesque-Maß μ_L. Damit sind alle Elemente von $\mathbf{P}(\mathbf{R}^1 - G)$ Ereignisse mit der Wahrscheinlichkeit Null. Man erkennt, daß für G = M gilt $G = G_0 = \mathbf{B}_{0G}^1$. Wenn $G \neq M$ ist, ist $\mathbf{B}_G^1$ echt enthalten in $\mathbf{B}_{0G}^1$, da alle Teilmengen der μ_L-Nullmengen von G in $\mathbf{B}_0^1$ liegen. Das vervollständigte Maß auf $G_0 = \mathbf{B}_{0G}^1$ ist für $A \in G_0$ einfach gegeben durch

$$\mu_G^0(A) = \mu_{AP}(A \cap M) + \mu_L(A \cap G).$$

Man erkennt, daß hiermit auch ein vervollständigtes Maß auf $\mathbf{B}_0^1$ definiert wird, wenn man statt $A \in \mathbf{G}_0$ schreibt $A \in \mathbf{B}_0^1$. In der ursprünglichen Formel wird also nur das L-B-Maß μ_{LB} durch das Lebesgue-Maß (L-Maß) μ_L ersetzt.[32])

Diese Betrachtungen lassen sich erweitern für den Fall, daß „in der Entscheidung" nicht nur die Alternativen eines Meßgeräts (einer Meßskala) „stehen", sondern die Alternativen eines Satzes von n verträglichen Meßgeräten. In diesem Fall entsprechen die Ereignis-n-tupel $(A_1, \ldots, A_n)$ der n Meßgeräte umkehrbar eindeutig den cartesischen Produkten $A_1 \times \ldots \times A_n$, wobei in der üblichen Weise die logischen Verbandsverknüpfungen zu Mengenoperationen für die Teilmengen von $\Omega_1 \times \ldots \times \Omega_n$ werden. Hier bekommen die zu den n Meßgeräten gehörenden Klassen, Mengen, Maße usw. jeweils den Index i(i = 1, 2, \ldots, n): $\mathbf{G}_i, \mathbf{G}_i, \mathbf{B}_i^1, \mu_{G_i}$ usw.. Wenn man mit A_i eine der zum i-ten Meßgerät verwendeten σ-Algebren $\mathbf{G}_i, \mathbf{B}_i^1$ usw. bezeichnet, wird die von der Klasse

$$\{A_1 \times \ldots \times A_n \mid A_1 \in \mathbf{A}_1, \ldots, A_n \in \mathbf{A}_n\}$$

der Teilmengen von $\Omega_1 \times \ldots \times \Omega_n$ erzeugte σ-Algebra $\mathbf{A}_1 \otimes \ldots \otimes \mathbf{A}_n$ genannt. Die Ereignis-n-tupel betrachtet man dann als Elemente dieser σ-Algebra. Nach der Definition kann ein Ereignis-n-tupel $(A_1, A_2, \ldots, A_n) \equiv A_1$ und A_2 … und A_n eine positive Wahrscheinlichkeit genau dann haben, wenn jedes $\mu_{G_i}(A_i)$ des Ereignis-n-tupels positiv ist. Dies ist genau dann der Fall, wenn die auf den Ereignis-n-tupeln definierte Funktion

$$M(A_1, \ldots, A_n) = \mu_{G_1}(A_1) \ldots \mu_{G_n}(A_n)$$

positiv ist. Diese Funktion kann wegen der Gleichheit der Ereignis-n-tupel mit den cartesischen Produkten zu einem Maß auf der σ-Algebra $\mathbf{A}_1 \otimes \ldots \otimes \mathbf{A}_n$ fortgesetzt werden, da die Maße $\mu_{G_i}(i = 1, 2, \ldots, n)$ σ-endlich sind[33]): Wenn die Maße μ_{G_i} σ-endlich sind, gibt es nämlich genau ein (σ-endliches) Maß μ auf $\mathbf{A}_1 \otimes \ldots \otimes \mathbf{A}_n$, für das gilt

$$\mu(A_1 \times \ldots \times A_n) = \mu_{G_1}(A_1) \ldots \mu_{G_n}(A_n).$$

Für dieses Maß μ schreibt man $\mu = \bigotimes_i \mu_{G_i} = \mu_{G_1} \otimes \ldots \otimes \mu_{G_n}$. Die Ereignis-n-tupel, die eine positive Wahrscheinlichkeit haben können, haben also ein positives Maß $\mu = \bigotimes_i \mu_{G_i}$.

Wenn man dieses Maß $\bigotimes_i \mu_{G_i} = \mu_G$ nennt, die von den Mengen positiven Maßes erzeugte σ-Algebra G usw., kann man die vorigen Abschnitte übernehmen, soweit von den Ereignissen nicht ausdrücklich verlangt wurde, daß sie Teilmengen (Intervalle) des R^1 sind.

10. Der natürliche Vektorraum (Banachraum, Hilbertraum) einer Klasse gleichwertiger Meßgeräte

Jede Menge A, insbesondere also auch jede meßbare Teilmenge einer Menge Ω läßt sich durch die zugehörige Indikatorfunktion $I_A(x)$ kennzeichnen. Die Indikatorfunktion $I_A(x)$, die auch charakteristische Funktion der Menge A genannt wird, ist für $x \in A$ gleich 1 und für $x \notin A$ (genauer $x \in \mathbb{C}A = \Omega - A$) gleich Null. Durch $I_A^{-1}(1) = A$ erhält man aus der Indikatorfunktion die Menge. Die Indikatorfunktion I_A ist genau dann meßbar, wenn die Menge A meßbar ist.[34] Damit kann man die Klasse der meßbaren Teilmengen auch durch die Klasse der meßbaren Indikatorfunktionen beschreiben und umgekehrt. Wenn man die wichtigen Mengenoperationen der σ-Algebra in Operationen mit Indikatorfunktionen übersetzen kann, braucht man die meßbaren Mengen bzw. Ereignisse von den meßbaren Indikatorfunktionen nicht mehr zu unterscheiden, man kann also die Ereignisse direkt durch die meßbaren Indikatorfunktionen ersetzen. Dies ist möglich, denn es gilt:

$$I_\emptyset(x) = 0, \qquad I_\Omega(x) = 1$$

$$I_{\mathbb{C}A}(x) = I_\Omega(x) - I_A(x) = 1 - I_A(x)$$

$$I_{A \cap B}(x) = I_A(x) \cdot I_B(x)$$

$$I_{A \cup B}(x) = I_A(x) + I_B(x) - I_{A \cap B}(x).$$

Ist A_i eine Folge paarweise disjunkter meßbarer Mengen, ist $I_{\bigcup_i A_i}(x) = \sum_i I_{A_i}(x)$ eine meßbare Indikatorfunktion. Diese Indikatorfunktionen sollen zur Vereinfachung der Sprechweise disjunkte Indikatorfunktionen genannt werden. Auch die Inklusion läßt sich übertragen: Es ist nämlich $A \subset B$ gleichwertig mit $I_A(x) \leqslant I_B(x)$ für alle $x \in \Omega$. Damit sind alle in der σ-Algebra wichtigen Bildungen in Formeln für meßbare Indikatorfunktionen übersetzt.[35)]

Es ist praktisch, die meßbaren Indikatorfunktionen, die zu Mengen mit endlichem μ_G-Maß gehören, als Elemente eines Vektorraums E über dem Körper der komplexen Zahlen aufzufassen, indem man die Verknüpfungen für komplexe Zahlen α, β in der üblichen Weise definiert durch

$$(\alpha I_A + \beta I_B)(x) = \alpha I_A(x) + \beta I_B(x).$$

Die Indikatorfunktionen, die zu Mengen mit endlichem Maß gehören, sollen zur sprachlichen Vereinfachung endliche Indikatorfunktionen genannt werden. Wir legen den Vektorraum E so fest, daß alle endlichen Linearkombinationen von endlichen Indikatorfunktionen Elemente des Vektorraums E sein sollen. Man überlegt sich leicht, daß jedes Element von E immer auch als endliche Linearkombination von disjunkten endlichen Indikatorfunktionen geschrieben werden kann. Diese Darstellung ist sogar eindeutig, wenn man verlangt, daß alle Koeffizienten für die disjunkten Mengen verschieden sind. Dieser Vektorraum E wird *natürlicher Vektorraum* der Klasse gleichwertiger Meßgeräte genannt.

Die Indikatorfunktionen, die zu den μ_G-Nullmengen gehören, spannen einen linearen Teilraum N von E auf. Da die zugehörigen Ereignisse immer die Wahrscheinlichkeit Null haben, ist es praktisch, Funktionen des Vektorraums E, deren Differenz in N liegt, als nicht wesentlich verschieden zu betrachten. Man nennt sie „fast überall gleich". Dies kann man noch auf andere Weise ausdrücken: Es sei f eine nichtnegative Funktion der nichtnegativen reellen Zahlen, die für alle endlichen Werte endlich und nur für Null gleich Null ist

$$f(0) = 0, \quad f(|\alpha|) \neq 0 \quad \text{für} \quad |\alpha| \neq 0.$$

Ist ψ ein Element des natürlichen Vektorraums E

$$\psi = \sum_{j(< \infty)} \alpha^j I_{A^j},$$

dann gilt für dieses f

$$f(|\psi|) = f\left(\left|\sum_{j(<\infty)} \alpha^j I_{A^j}\right|\right) = \sum_{j(<\infty)} f(|\alpha^j|)\, I_{A^j}.$$

Es ist also auch $f(|\psi|)$ Element von E. Dieses Element kann man integrieren.[36] Denn mit der üblichen Definition des Integrals erhält man

$$\int f(|\psi|)\, d\mu_G = \sum_{j(<\infty)} f(|\alpha^j|)\, \mu_G(A^j).$$

Es gehört also ψ genau dann zu dem Teilraum N, wenn das μ_G-Integral von $f(|\psi|)$ gleich Null ist. Es läßt sich auch das Integral von ψ angegeben. Wenn man zu gewissen abzählbaren Linearkombinationen übergeht, werden nur solche α^j zugelassen, für die

$$\sum_j f(|\alpha^j|)\, \mu_G(A^j)$$

konvergiert. Bei dem entsprechenden Integral über ψ verlangt man, daß die Integrale für die positiven bzw. negativen Teile der Real- und Imaginärteile der Funktionen einzeln konvergieren. Die Behandlung nicht endlicher Linearkombinationen ist besonders geläufig, wenn man für f die Funktionen $f(x) = x^q$ mit $q \geqslant 1$ und insbesondere $f(x) = x^2$ wählt.

Für jede Funktion ψ aus dem Vektorraum E ist $\int |\psi|^q\, d\mu_G$ eine nichtnegative Zahl, deshalb ist auch $(\int |\psi|^q\, d\mu_G)^{1/q}$ eine nichtnegative endliche Zahl für jedes Element aus E. Für $q \geqslant 1$ hat diese nichtnegative endliche Abbildung des Vektorraums E die Eigenschaften einer Halbnorm,[37] und wir schreiben dafür

$$\|\psi\|_q = (\int |\psi|^q\, d\mu_G)^{1/q} \qquad (q \geqslant 1).$$

Diese Halbnormen sind nur dann eine Norm, wenn es keine von der leeren Menge verschiedenen Mengen mit dem μ_G-Maß Null gibt. Aus $\|\psi\|_q = 0$ folgt, daß ψ Element des vorne definierten Teilraums N von E ist. Wenn es nicht nötig ist, die fast überall gleichen Elemente aus E zu unterscheiden, kann man von ψ zu der Klasse $\{[\psi]\}$ der mit ψ fast überall gleichen Elemente übergehen, wobei die Vektorraumverknüpfungen in der üblichen Weise für die Klassen durch

$$\{[\alpha\,\psi_1 + \beta\,\psi_2]\} = \alpha\,\{[\psi_1]\} + \beta\,\{[\psi_2]\}$$

definiert werden.[38]) Damit sind die Klassen $\{[\psi]\}$ Elemente eines
Vektorraums, der $\widetilde{E}$ genannt werden soll. Wenn keine Mißverständnisse zu befürchten sind, werden die Klammern für die Klassenbil-
dung bei den Elementen aus $\widetilde{E}$ auch weggelassen. Für die Elemente
aus $\widetilde{E}$ ist $\|\psi\|_q$ eine Norm. Wenn man diese Norm zur Definition
einer Topologie von $\widetilde{E}$ verwendet, wird $\widetilde{E}$ zu einem normierten
topologischen Vektorraum. Für verschiedene q sind diese Topo-
logien i. a. verschieden. Der mit der Norm $\|\psi\|_q$ vervollständigte
Raum soll *natürlicher Banachraum* der Klasse gleichwertiger Meßgeräte genannt werden.[39])

Für zwei Elemente ψ_1 und ψ_2 aus E liegt auch $\psi_1\psi_2$ in E: Denn
für

$$\psi_1 = \sum_j \alpha^j I_{A^j}, \qquad \psi_2 = \sum_k \beta^k I_{B^k}$$

sind in

$$\psi_1\psi_2 = \sum_j \alpha^j I_{A^j} \sum_k \beta^k I_{B^k} = \sum_{j,k} \alpha^j \beta^k I_{A^j \cap B^k}$$

die Indikatorfunktionen $I_{A^j \cap B^k}$ paarweise disjunkt und endlich.
Deshalb ist auch $\overline{\psi}_1 \psi_2$ Element von E, das man integrieren kann

$$\int \overline{\psi}_1 \psi_2 \, d\mu_G = \sum_{j,k} \overline{\alpha}^j \beta^k \mu_G (A^j \cap B^k).$$

Dies ist eine hermitesche Bilinearform auf dem Vektorraum E.[40])
Man schreibt sie als Skalarprodukt

$$(\psi_1, \psi_2) = \int \overline{\psi}_1 \psi_2 \, d\mu_G.$$

Für dieses Skalarprodukt gilt:

$$(\psi, \varphi_1 + \lambda \varphi_2) = (\psi, \varphi_1) + \lambda(\psi, \varphi_2)$$

$$(\psi, \varphi) = \overline{(\varphi, \psi)}$$

$$(\psi, \psi) \geqslant 0 \text{ (reell)}.$$

Hiermit kann man schreiben

$$\|\varphi\|_2 = \left(\int |\varphi|^2 \, d\mu_G\right)^{1/2} = \sqrt{(\varphi, \varphi)}.$$

Man nennt zwei Elemente aus E orthogonal, wenn ihr Skalarprodukt Null ist. Disjunkte Indikatorfunktionen sind immer orthogonale Elemente aus E, während die Umkehrung hiervon i.a. nicht richtig ist. Insbesondere gilt für eine endliche Indikatorfunktion

$(I_A, I_A) = \mu_G(A)$. Man erkennt, daß das Skalarprodukt unabhängig vom speziell gewählten Repräsentanten eines Vektors aus $\widetilde{E}$ ist. Für die Elemente aus $\widetilde{E}$ ist das Skalarprodukt positiv definit, da aus $(\psi, \psi) = 0$ folgt, daß ψ ein Repräsentant des Nullvektors ist. Wenn man diesen Raum vervollständigt, ist es ein Hilbertraum: Ein vollständiger Vektorraum über dem Körper der komplexen Zahlen, in dem für alle φ, ψ eine hermitesche Bilinearform (φ, ψ) definiert ist und für die aus $(\psi, \psi) = 0$ folgt $\psi = 0$, heißt ein Hilbertraum.[41]

Dieser Hilbertraum $\widetilde{L}^2(\mu_G, C) = \overline{\widetilde{E}^{(2)}}$ soll *natürlicher Hilbertraum eines Meßgeräts (einer Klasse gleichwertiger Meßgeräte, eines Satzes verträglicher Meßgeräte)* genannt werden, da alle Alternativen eines Meßgeräts als Elemente dieses Raums aufgefaßt werden können, sofern sie endliches μ_G Maß haben.

Ein Nachteil bei der Verwendung der Räume E, $\widetilde{E}$ bzw. des natürlichen Hilbertraums besteht darin, daß nur die möglichen Ereignisse mit endlichem μ_G-Maß über die entsprechenden Indikatorfunktionen als Elemente dieser Räume aufgefaßt werden können. Dieser Nachteil ist nicht so schwerwiegend, wenn man bedenkt, daß das σ-endliche Maß μ_G nur verwendet wurde, um die Ereignisse mit möglicher positiver Wahrscheinlichkeit zu kennzeichnen, ohne daß es sonst eine wahrscheinlichkeitstheoretische Bedeutung hat. Diese Eigenschaft hat jedes andere σ-endliche Maß auf der gerade verwendeten σ-Algebra $\mathbf{A}$, das die gleichen Nullmengen wie μ_G hat. Da μ_G σ-endlich ist, kann man nach einem Satz der Maßtheorie hierfür sogar ein endliches Maß wählen.[42]

Aber auch ohne zu einem endlichen Maß überzugehen, ist es möglich, alle meßbaren Indikatorfunktionen durch Operationen in dem Raum E (bzw. $\widetilde{E}$) zu kennzeichnen. In dem Vektorraum E ist nämlich nicht nur die Summe

$$\psi_1 + \psi_2 = \sum_{j(<\infty)} \alpha^j I_{A^j} + \sum_{k(<\infty)} \beta^k I_{B^k}$$

$$= \sum_j \alpha^j I_{A^j \cap (\mathbb{C} \cup_k B^k)} + \sum_{j,k} (\alpha^j + \beta^k) I_{A^j \cap B^k} +$$

$$+ \sum_k \beta^k I_{(\mathbb{C} \cup_j A^j) \cap B^k}$$

und das skalare Vielfache Element des Raumes, sondern auch das
Produkt eines Elements aus E mit einer *beliebigen* meßbaren Indikatorfunktion: Für eine meßbare, nicht notwendig endliche Indikatorfunktion I_A sind in

$$I_A \psi = I_A \sum_j \alpha^j I_{A^j} = \sum_j \alpha^j I_A \, I_{A^j} = \sum_j \alpha^j I_{A \cap A^j}$$

die Indikatorfunktionen $I_{A \cap A^j}$ paarweise disjunkt und endlich,
wenn die Indikatorfunktionen I_{A^j} paarweise disjunkt und endlich
sind. Man erkennt, daß gilt

$$I_A (\lambda \psi_1 + \psi_2) = \lambda I_A \, \psi_1 + I_A \, \psi_2 \quad \text{und} \quad I_A I_A \psi = I_A \psi.$$

Deshalb kann man jede meßbare Indikatorfunktion I_A auffassen
als einen linearen idempotenten Operator von E in sich. Für ihn
soll zur Unterscheidung P_A geschrieben werden. Man erkennt, daß

P_A auch für beliebige ψ aus $\overline{\overline{E}}$ definiert ist.

Es wurde vorne gezeigt, daß mit ψ auch $f(|\psi|)$ zu E gehört. Deshalb
gehört auch $f(|I_A \, \psi|) \equiv f(|P_A \, \psi|)$ für beliebige meßbare A zu E,
und

$$\int f(|P_A \, \psi|) \, d\mu_G$$

ist eine endliche nichtnegative Zahl für jede meßbare Menge A.
Man kann zeigen, daß es für alle $A \in \mathbf{A}$ ein endliches Maß ist:[43]

$$\mu_\psi^f (A) = \int f(|P_A \, \psi|) \, d\mu_G = \int f\left(\left| \sum_{j(<\infty)} \alpha^j I_{A \cap A^j} \right| \right) d\mu_G =$$

$$= \sum_{j(<\infty)} f(|\alpha^j|) I_{A \cap A^j} \, d\mu_G = \sum_{j(<\infty)} f(|\alpha^j|) \, \mu_G (A \cap A^j)$$

Interessant ist die Abhängigkeit dieses Maßes von dem Element ψ
aus E. Mit der Formel der S. 49 für $\psi_1 + \psi_2$ erhält man

$$\mu_{\psi_1 + \psi_2}^f (A) = \sum_j f(|\alpha^j|) \, \mu_G (A \cap A^j \cap \mathbb{C} \bigcup_k B^k) +$$

$$+ \sum_{j,k} f(|\alpha^j + \beta^k|) \, \mu_G (A \cap A^j \cap B^k)$$

$$+ \sum_k f(|\beta^k|) \, \mu_G (A \cap (\mathbb{C} \bigcup_j A^j) \cap B^k).$$

Hier sollen zwei Spezialfälle besonders behandelt werden: Sind A^j und B^k insgesamt paarweise disjunkt, gilt

$$A^j \cap \complement \bigcup_k B^k = A^j \quad \text{und} \quad (\complement \bigcup_j A^j) \cap B^k = B^k,$$

und man erhält

$$\mu^f_{\psi_1 + \psi_2}(A) = \mu^f_{\psi_1}(A) + \mu^f_{\psi_2}(A).$$

Für $f(x) = x^2$ ergibt sich[44] mit $|\alpha^j + \beta^k|^2 = |\alpha^j|^2 + 2\,\mathrm{Real}(\alpha^j \overline{\beta}^k) + |\beta^k|^2$

$$\mu^{(2)}_{\psi_1 + \psi_2}(A) = \mu^{(2)}_{\psi_1}(A) + \mu^{(2)}_{\psi_2}(A) +$$

$$+ \sum_{j,\,k} 2\,\mathrm{Real}(\alpha^j \overline{\beta}^k)\, \mu_G\,(A \cap A^j \cap B^k).$$

Man kann eine ähnliche Umformung für beliebige geradzahlige (positive) Potenzen q machen. Für $q = 2$ kann man das zugehörige normierte Maß mit dem Skalarprodukt schreiben:

$$\mu^{(2)}_\psi(A) = \frac{(\psi, P_A \psi)}{(\psi, \psi)}.$$

Dann erhält man

$$\mu^{(2)}_{\psi_1 + \psi_2}(A) = \frac{(\psi_1, P_A \psi_1)}{(\psi_1 + \psi_2, \psi_1 + \psi_2)} + \frac{(\psi_2, P_A \psi_2)}{(\psi_1 + \psi_2, \psi_1 + \psi_2)} +$$

$$+ \frac{2\,\mathrm{Real}(\psi_1, P_A \psi_2)}{(\psi_1 + \psi_2, \psi_1 + \psi_2)}.$$

Es ist kein Zufall, daß diese Formeln an die Spektraldarstellung selbstadjungierter Operatoren erinnern, insbesondere, wenn man die speziellen Operatoren $P_{[-\infty,\,\lambda[}$ eines Hilbertraums H_0 einsetzt, die die Spektralschar eines Operators genannt werden.[45] Ein einfaches Beispiel für eine solche Schar von Projektionsoperatoren ist in dem natürlichen Hilbertraum die Schar von Indikatorfunktionen für die rechts halboffenen Intervalle $[-\infty, \lambda[$, die man mit der linksseitig stetigen Heavisideschen Funktion Θ auch schreiben kann als

$$I_{[-\infty,\,\lambda[}(x) = \Theta(\lambda - x).$$

Genauso wie $\mathbf{B}^1$ aus den rechts halboffenen Intervallen des R^1 erzeugt wird, lassen sich die Projektionsoperatoren P_A für eine beliebige meßbare Menge A des R^1 aus der Schar $P_{[-\infty,\lambda[}$ erhalten. Es gilt

$$P_{[\lambda_1,\lambda_2[} = P_{[-\infty,\lambda_2[} - P_{[-\infty,\lambda_1[}.$$

Den Projektionsoperator für das auch rechts abgeschlossene Intervall kann man schreiben als

$$\lim_{\substack{\epsilon \to 0 \\ \epsilon > 0}} P_{[\lambda_1,\lambda_2+\epsilon[} = P_{[\lambda_1,\lambda_2]}.$$

Es ist $F(\lambda) = (\psi, P_{[-\infty,\lambda[}\,\psi)$ für ein normiertes Hilbertraumelement ψ eine linksseitige stetige (entsprechend $(\psi, P_{[-\infty,\lambda]}\,\psi)$ eine rechtsseitig stetige) Verteilungsfunktion eines W-Maßes auf $\mathbf{B}^1$.

Berechnet man das erste Moment mit dieser Verteilungsfunktion, erhält man

$$E(x) = \int \lambda\, d_\lambda\, F(\lambda) = \int \lambda\, d_\lambda\, (\psi, P_{[-\infty,\lambda[}\,\psi).$$

Im natürlichen Hilbertraum kann man hierfür mit der Spektralschar $\Theta(\lambda - x)$ schreiben

$$E(x) = \int x\, \overline{\psi}(x)\, \psi(x)\, d\mu_G(x).$$

Im allgemeinen ist nicht sicher, daß $E(x)$ für beliebige Elemente ψ des Hilbertraums existiert. Hinsichtlich der Abhängigkeit von ψ erkennt man, daß $E(x)$ eine quadratische Bilinearform ist, der man für alle φ, ψ, für die $E(x)$ existiert, z. B. nach der Umformung in Anm. 40 die allgemeine Bilinearform

$$E(\varphi, \psi) = \int \lambda\, d_\lambda\, (\varphi, P_{[-\infty,\lambda[}\,\psi)$$

zuordnen kann. Hier muß man sich gemäß Anm. 40 die rechte Seite als Linearkombination von Integralen über positive Verteilungsfunktionen denken. Im natürlichen Hilbertraum erhält man einfach

$$E(\varphi, \psi) = \int x\, \overline{\varphi}(x)\, \psi(x)\, d\mu_G(x).$$

Nimmt man nun an, daß es gewisse ψ des Hilbertraums gibt, für die $E(\varphi, \psi)$ ein beschränktes lineares Funktional in φ ist, gibt es nach dem in Anm. 41 gebrachten Satz ein eindeutig bestimmtes Element ψ' des Hilbertraums mit

$$\overline{E(\varphi, \psi)} = (\psi', \varphi).$$

Dann kann man schreiben

$$E(\varphi, \psi) = \int \lambda \, d_\lambda \, (\varphi, P_{[-\infty, \lambda[} \, \psi) = \overline{(\psi', \varphi)} = (\varphi, \psi').$$

Damit wird jedem Element ψ des Hilbertraums, für das

$$\overline{E(\varphi, \psi)} = \int \lambda \, d_\lambda \, (\varphi, P_{[-\infty, \lambda[} \, \psi)$$

ein beschränktes lineares Funktional in φ ist, genau ein ψ' des Hilbertraums zugeordnet. Man erkennt sofort, daß diese Zuordnung linear ist, so daß man sie mit einem linearen Operator A beschreiben kann

$$A: \psi \to \psi'.$$

Der Definitionsbereich des Operators A ist also gegeben durch die Elemente ψ des Hilbertraums, für die $\overline{E(\varphi, \psi)}$ ein beschränktes lineares Funktional in φ ist. Dies ist gleichbedeutend damit, daß $A\psi$ Element des Hilbertraums ist. Für die Elemente des Definitionsbereichs kann man schreiben:

$$(\varphi, A\psi) = E(\varphi, \psi) = \int \lambda \, d_\lambda \, (\varphi, P_{[-\infty, \lambda[} \, \psi).$$

Da $A\psi$ Hilbertraumelement ist, kann man es auch für φ einsetzen:

$$(A\psi, A\psi) = \int \lambda \, d_\lambda \, (A\psi, P_{[-\infty, \lambda[} \, \psi).$$

Mit

$$(A\psi, P_{[-\infty, \lambda[} \, \psi) = \overline{(P_{[-\infty, \lambda[} \, \psi, A\psi)}$$

$$= \overline{\int \lambda' d_{\lambda'} (P_{[-\infty, \lambda[} \, \psi, P_{[-\infty, \lambda'[} \, \psi)}$$

$$= \overline{\int \lambda' d_{\lambda'} (\psi, P_{[-\infty, \mathrm{Min}(\lambda, \lambda')[} \, \psi)}$$

$$= \int_{-\infty}^{\lambda} \lambda' d_{\lambda'} (\psi, P_{[-\infty, \lambda'[} \, \psi)$$

erhält man

$$(A\psi, A\psi) = \int \lambda d_\lambda \int\limits_{-\infty}^{\lambda} \lambda' d_{\lambda'} (\psi, P_{[-\infty, \lambda'[}\,\psi) =$$

$$= \int \lambda^2 \, d_\lambda (\psi, P_{[-\infty, \lambda[}\,\psi) = \int \lambda^2 \, dF(\lambda).$$

Es liegen also die Elemente ψ des Hilbertraums im Definitionsbereich des Operators A, die solche Verteilungsfunktionen liefern, für die neben dem ersten Moment auch das zweite Moment existiert. Bei der hier gebrachten Definition des Operators A muß beachtet werden, daß nicht gezeigt wurde, daß der Definitionsbereich von A nicht eventuell nur aus dem Nullvektor besteht. Dies ist bei den Räumen $\widetilde{L}^2(\mu_G, C)$ nicht möglich, wie man erkennt, wenn man für ψ eine (endliche) Indikatorfunktion eines endlichen Intervalls wählt. Im natürlichen Hilbertraum kann man den Operator einfacher angeben. Aus

$$(\varphi, A\psi) = \int x\,\overline{\varphi}\,\psi \, d\mu_G$$

folgt, daß die Elemente $\psi(x)$ im Definitionsbereich von A liegen, für die $x\psi(x)$ Element von $L^2(\mu_G, C)$ ist. Der durch $x\psi$ repräsentierte Hilbertraumvektor aus $\widetilde{L}^2(\mu_G, C)$ ist das Bildelement von A. Man kann dann schreiben [46]

$$A\psi(x) = x\psi(x).$$

Diese Betrachtungen lassen sich auf den Fall erweitern, daß „in der Entscheidung" nicht nur die Alternativen eines Meßgeräts, sondern die Alternativen von n verträglichen Meßgeäten stehen, wenn also $\mu_G = \mu_{G_1} \otimes \ldots \otimes \mu_{G_n}$ ist. Die Indikatorfunktion für $A_1 \times \ldots \times A_n$ lautet

$$I_{A_1 \times \ldots \times A_n}(x^1, \ldots, x^n) = I_{A_1}(x^1)\,I_{A_2}(x^2) \ldots I_{A_n}(x^n).$$

Der zugehörige Projektionsoperator ist deshalb im Tensorraum [47] $\underset{i}{\otimes}\,\widetilde{L}^2(\mu_{G_i}, C)$ durch das Kroneckerprodukt der Projektoren P_{A_i} gegeben

$$(P_{A_1} \otimes P_{A_2} \otimes \ldots \otimes P_{A_n})\,\psi_1 \otimes \psi_2 \otimes \ldots \otimes \psi_n$$

$$= (P_{A_1}\psi_1) \otimes \ldots \otimes (P_{A_n}\psi_n).$$

Für beliebige Elemente aus $\widetilde{L}^2(\underset{i}{\otimes}\,\mu_{G_i}, C)$ bzw. $\overline{\underset{i}{\otimes}\,\widetilde{L}^2}(\mu_{G_i}, C)$ erhält man den Operator durch lineare Fortsetzung. Da nicht jedes meßbare A aus $A_1 \otimes \ldots \otimes A_n$ die Form $A_1 \times \ldots \times A_n$ hat, hat I_A im allgemeinen nicht die Produktform und P_A ist nicht ein solches Kroneckerprodukt. Mit

$$P_{\lambda^1, \ldots, \lambda^n} = P_{[-\infty, \lambda^1[} \otimes \ldots \otimes P_{[-\infty, \lambda^n[}$$

erhält man für

$$(\psi, \psi) = \int \overline{\psi}(x^1, \ldots, x^n)\, \psi(x^1, \ldots, x^n)\, d(\underset{i}{\otimes}\,\mu_{G_i}) = 1$$

durch

$$F(\lambda^1, \ldots, \lambda^n) = (\psi, P_{\lambda^1, \ldots, \lambda^n}\,\psi)$$

$$= \int I_{[-\infty, \lambda^1[} \ldots I_{[-\infty, \lambda^n[}\, \overline{\psi}\, \psi\, d\mu_G$$

$$= \int\limits_{[-\infty, \lambda^1[} \ldots \int\limits_{[-\infty, \lambda^n[} |\psi(x^1, \ldots, x^n)|^2\, d\mu_{G_1}(x^1) \ldots d\mu_{G_n}(x^n)$$

eine n-dimensionale Verteilungsfunktion eines W-Maßes. Die Beschreibung des Erwartungswerts meßbarer Funktionen $f(x^1, \ldots, x^n)$ durch lineare Operatoren des $L^2(\mu_G, C)$ ist wie vorne im eindimensionalen Fall möglich, wenn man als Ausgangsformel wieder die zugehörige Bilinearform betrachtet.

Man kann hier aber auch für die n verträglichen Meßgeräte n lineare Operatoren mit den n Spektralscharen

$$P^i_{\lambda^i} = I_1 \otimes \ldots \otimes I_{i-1} \otimes P_{[-\infty, \lambda^i[} \otimes I_{i+1} \otimes \ldots \otimes I_n$$

definieren, wenn mit I_i die zur Variablen x^i gehörenden Identitäten, also die zum gesamten R^1 gehörenden Indikatorfunktionen bezeichnet wurden. Gehören zu den Spektralscharen $P_{[-\infty, \lambda^i[}$ die Operatoren $\widetilde{A}_i$, gehören zu den Spektralscharen $P^i_{\lambda^i}$ die Operatoren

$$A_i = I_1 \otimes \ldots \otimes \widetilde{A}_i \otimes \ldots \otimes I_n, \qquad i = 1, \ldots, n.$$

Weil ein Operator immer mit der Identität vertauscht, vertauschen die Spektralscharen (für $i < j$)

$$P^i_{\lambda^i} \circ P^j_{\lambda^j} = P^j_{\lambda^j} \circ P^i_{\lambda^i} = I_1 \otimes \ldots \otimes P_{[-\infty, \lambda^i[} \otimes \ldots \otimes P_{[-\infty, \lambda^j[} \otimes \ldots \otimes I_n$$

und die zugehörigen Operatoren

$$A_i \circ A_j = A_j \circ A_i = I_1 \otimes \ldots \otimes A_i \otimes \ldots \otimes A_j \otimes \ldots \otimes I_n.$$

Zu verträglichen Meßgeräten gehören also vertauschbare lineare Operatoren.

Es gibt den etwas aufwendigen Satz, daß es zu einer Menge vertauschbarer selbstadjungierter Operatoren A_i sogar eine gemeinsame *eindimensionale* Spektralschar P_λ gibt, sodaß sich die Operatoren mit geeigneten Funktionen $f_i(\lambda)$ in der Form

$$(\varphi, A_i \psi) = \int f_i(\lambda)\, d_\lambda\, (\varphi, P_\lambda \psi)$$

schreiben lassen (vgl. z.B. *J. M. Jauch* (1973), S. 103). Für den Fall der verträglichen Meßgeräte soll die Problematik dieses Satzes etwas erläutert werden. Die Ereignisse zu den Operatoren A_i sind meßbare Teilmengen des R^n. Bei der Spektralschar P_λ sind sie meßbare Teilmengen des R^1. Für $\mu_G = \mu_L$ benötigt man also z. B. eine bijektive $B^1 - B^n$-meßbare Abbildung des R^1 auf den R^n. Eine solche Abbildung ist natürlich nicht einfach explizit angebbar und darüberhinaus ziemlich willkürlich. Während für die n verträglichen Meßgeräte die n-dimensionale Spektraldarstellung eine einfache anschauliche physikalische Bedeutung hat, da sie zur n-dimensionalen Wahrscheinlichkeitsverteilung für die Meßwerte-n-tupel führt, ist die mit P_λ erhaltene eindimensionale Verteilung nicht mehr so einfach interpretierbar, da bei ihr diese aufwendige Abbildung eingeht. Natürlich kann man immer zu einem gegebenen Meßgerät einen neuen vertauschbaren Operator definieren, indem man einfach die Meßwerte geeignet umrechnet. Die Hinzunahme eines solchen Meßgeräts bzw. Operators führt aber nicht zu einer verbesserten Beschreibung des physikalischen Systems. Man spricht von einem vollständigen Satz verträglicher Meßgeräte (vertauschbarer Operatoren), wenn für das physikalische System nur noch Funktionen der ursprünglichen Operatoren als vertauschbare hinzugenommen werden können (vgl. auch *J. M. Jauch* (1973), S. 61).

Man kann diesem Abschnitt entnehmen — deshalb wurde er auch etwas ausführlicher gehalten —, daß die Verwendung von Hilbertraumoperatoren zur Beschreibung von Erwartungswerten und

Streuungen nicht unbedingt charakteristisch für die Quantenmechanik ist, sondern daß solche Operatoren für beliebige statistische Beschreibungen reeller Verteilungen verwendet werden können, insbesondere wenn man sie in dem natürlichen Hilbertraum definiert. Man kann diese Methode, die möglichen Werte vorzugeben und damit einen Hilbertraumoperator zu definieren, als die Umkehrung des Schrödingerschen Eigenwertproblems betrachten. Mit dieser Methode kann man praktisch zu jedem Spektrum einen Hilbertraumoperator angeben.

11. Physikalische Übergangswahrscheinlichkeiten

Die Probleme, die bei der mathematischen Formulierung von Übergangswahrscheinlichkeiten auftreten, sollen mit einem physikalischen Beispiel erläutert werden: Wir betrachten einen Elektronenstrahl, der auf eine Spaltanordnung trifft. Man kann nach *G. Ludwig* (1970)[48] diesen Teil des Experiments, d. h. die Elektronen mit der ganzen apparativen Anordnung den „Präparierteil" des physikalischen Experiments nennen. Wird hinter der Spaltanordnung in einem gewissen Abstand eine räumlich (flächenhaft) auflösende Registriereinrichtung für Elektronen angebracht, kann man entscheiden, auf welche Raumgebiete Elektronen fallen und auf welche nicht. Dies kann man nach *G. Ludwig* (1970) den Effektteil des physikalischen Experiments nennen. In der hier verwendeten Sprechweise sind die von der Registriereinrichtung aufgelösten Raumgebiete die Alternativen A_p^j in der Entscheidung. Alles übrige, das dieses Experiment kennzeichnet, die Bauvorschriften, Abmessungen usw. werden beschrieben durch ein gewisses $(p-1)$-tupel von Alternativen $A_1, \ldots, A_{p-1}$ in der Bedingung, die man sich als der Reihe nach durchgeführte Messungen vorstellen kann. Zur Bequemlichkeit soll die letzte Alternative A_{p-1} die Spaltanordnung kennzeichnen. Ohne das Experiment sonst zu verändern, soll A_{p-1} verändert werden, indem Spalte geöffnet und geschlossen werden. Man kann jeden Spalt als Meßinstrument betrachten, das festlegt, daß die Elektronen gewisse räumliche Koordinaten hatten, wenn sie registriert werden. Es liegt also nahe, diese offenen Spalte durch die zugehörigen dünnen räumlichen bzw. flächenhaften Indikatorfunktionen zu beschreiben. Diese Indikatorfunktionen sind dann für die einzelnen Spalte paarweise disjunkt. Das Ziel eines solchen Experiments besteht häufig darin, die Alternativen $A_1, \ldots, A_{p-2}$ so zu wählen, daß möglichst nur die Alternativen A_{p-1} der Spaltanordnung die W-Maße für die Alternativen in der Entscheidung bestimmen und es jeweils zu einem A_{p-1} möglichst nur wenige Alternativen A_p^j von A_p mit nichtverschwindender Übergangswahrscheinlichkeit gibt. Diese Übergangswahrscheinlichkeiten sollen $W^j(A_{p-1}, A_p^j)$ genannt werden. Wegen der Definition für das Geschehen von Ereignis-p-tupeln, sollte $W^j(A_{p-1}, A_p^j)$ nur dann ungleich Null sein können, wenn A_{p-1} und A_p^j ein positives $\mu_{G_{p-1}}$- bzw. μ_{G_p}-Maß haben. Wenn man voraussetzt, daß $\mu_{G_p}(A_p^j)$ immer endlich ist, kann man deshalb mit geeignetem $w^j(A_{p-1})$ schreiben

$$W^j(A_{p-1}, A_p^j) = w^j(A_{p-1})\, \mu_{G_p}(A_p^j).$$

Diese Beziehung ist nach den Überlegungen auf der S. 49 nicht sehr einschränkend. Da die Funktionen $w^j(A_{p-1})$ über den Index j auch von A_p^j abhängen, erhält man also durch diese Formel erst dann eine echte Einschränkung, wenn man annimmt, daß die Formel für *beliebige* Ereignisse $A_p \cap A_p^j$ richtig bleibt, die in A_p^j liegen

$$W^j(A_{p-1}, A_p \cap A_p^j) = w^j(A_{p-1})\, \mu_{G_p}(A_p \cap A_p^j),$$

wobei hier angenommen wird, daß $w^j(A_{p-1})$ nicht von A_p abhängt. Damit erhält man für allgemeine A_p die Formel

$$q(A_{p-1}; A_p) = \frac{\sum_j w^j(A_{p-1})\, \mu_{G_p}(A_p \cap A_p^j)}{\sum_j w^j(A_{p-1})\, \mu_{G_p}(\Omega_p \cap A_p^j)}.$$

Man erkennt leicht, wie man hier das Induktionsprinzip von (AH 7) berücksichtigen kann: Wenn man die Zahl der Entscheidungen immer größer werden läßt, kann es nötig sein, auch die Zahl der durch A_{p-1} gegebenen Alternativen A_p^j zu vergrößern. Dann kann es für ein mathematisches Modell zur *Voraussage* von Häufigkeiten bequem sein, gleich *abzählbar* viele Alternativen A_p^j zuzulassen. Für jede *festgestellte* Häufigkeitsverteilung reichen zur Beschreibung *endlich* viele Alternativen A_p^j. Die Zahlen $w^j(A_{p-1})$ sind sicher nicht negativ. Nimmt man für die auf der S. 46 eingeführte Funktion f an, daß sie alle positiven Zahlen als mögliche Bildwerte hat, ist es keine weitere Einschränkung, mit einer komplexen Zahl α^j zu schreiben[49]

$$f(|\alpha^j|) = w^j(A_{p-1}).$$

Nach den im Kapitel 10 durchgeführten Überlegungen mit dem Raum E liegt es nahe, hiermit zu schreiben

$$q(A_{p-1}; A_p) = \frac{\sum_j f(|\alpha^j|)\, \mu_{G_p}(A_p \cap A_p^j)}{\sum_j f(|\alpha^j|)\, \mu_{G_p}(A_p^j)} =$$

$$= \frac{\int f(|P_{A_p} \sum_j \alpha^j I_{A_p^j}|)\, d\mu_{G_p}}{\int f(|\sum_j \alpha^j I_{A_p^j}|)\, d\mu_{G_p}}$$

$$= \frac{\int f(|P_{A_p} \psi_{A_{p-1}}|)\, d\mu_{G_p}}{\int f(|\psi_{A_{p-1}}|)\, d\mu_{G_p}} = \frac{\mu^f_{\psi_{A_{p-1}}}(A_p)}{\mu^f_{\psi_{A_{p-1}}}(\Omega_p)}$$

mit

$$\psi_{A_{p-1}} = \sum_j \alpha^j I_{A_p^j}.$$

Eine solche Betrachtungsweise ist nur dann praktisch, wenn die Abhängigkeit des Vektors $\psi_{A_{p-1}}$ von den Alternativen A_{p-1} nicht zu unübersichtlich ist. Insbesondere ist es überflüssig, die Alternativen als Elemente eines Vektorraums aufzufassen, wenn diese Abhängigkeit nicht mit der Vektorraumstruktur von E_{p-1} und E_p verträglich ist. Dies ist der Fall, wenn man $\psi_{A_{p-1}}$ als Bild von $I_{A_{p-1}}$ bei einer linearen Abbildung U auffassen kann

$$U(I_{A_{p-1}}) = \psi_{A_{p-1}}.$$

Wegen des vorne angesprochenen Induktionsprinzips soll für eine solche Abbildung U bei einem mathematischen Modell zugelassen werden, daß

$$\sum_i \alpha^j I_{A_p^j}$$

eine abzählbare Summe ist, sofern $\sum_j f(|\alpha^j|)\, \mu_{G_p}(A_p^j)$ endlich ist.

Dann reichen als Bildelemente die Elemente aus dem vervollständigten Raum (natürlichen Banachraum, Hilbertraum), die man schreiben kann als

$$\psi_{A_{p-1}} = \sum_j \alpha^j I_{A_p^j} \quad \text{mit} \quad \sum_j f(|\alpha^j|)\, \mu_{G_p}(A_p^j) < \infty.$$

Durch die Linearität von U wird — egal welches f für die Übergangswahrscheinlichkeit verwendet wird — eine Kopplung für die verschiedenen A_{p-1} in der Bedingung verursacht. Betrachtet man das Spaltexperiment mit m möglichen offenen Spalten, dann gibt es $2^m - 1$ verschiedene Alternativen in der Bedingung, zu denen $2^m - 1$ W-Maße für A_p gehören, die wegen der Linearität von U (nur) durch m Vektoren $U(I_{A_{p-1}^i})$ i = 1, 2, ..., m bestimmt werden, wenn mit $I_{A_{p-1}^i}$ die Alternativen für die einzelnen Spalte bezeichnet wurden. Wegen der Linearität von U ist also für festes f in der Regel nicht damit zu rechnen, daß die Übergangswahrscheinlichkeit mit der obigen Formel angegeben werden kann. An diesen Ausführungen erkennt man auch, daß ein Unterschied für die verschiedenen f(x) erst zum Tragen kommt, wenn U als linear vorausgesetzt wird. Hier soll $f(x) = x^2$ gewählt werden. Dann ist erst recht nicht zu erwarten, daß die Übergangswahrscheinlichkeit in der angegebenen Weise berechnet werden kann. Wir wollen deshalb vereinbaren:

(V 4)   Wir nennen bei einem physikalischen Experiment ein Paar
         von Meßgeräten (von Sätzen verträglicher Meßgeräte)
         (L^2-)linear, wenn es möglich ist, die integrierbaren Indi-
         katorfunktionen des ersten Meßgeräts (Satzes verträg-

licher Meßgeräte) mit einer linearen Abbildung U in den natürlichen Hilbertraum des zweiten Meßgeräts (Satzes verträglicher Meßgeräte) abzubilden, so daß für die Übergangswahrscheinlichkeit gilt

$$q(A_{p-1}; A_p) = \frac{1}{(U(I_{A_{p-1}}), U(I_{A_{p-1}}))} (U(I_{A_{p-1}}), P_{A_p} U(I_{A_{p-1}}))$$

$$= \left[\frac{\|P_{A_p} U(I_{A_{p-1}})\|_2}{\|U(I_{A_{p-1}})\|_2} \right]^2 = \frac{\mu^{(2)}_{U(I_{A_{p-1}})}(A_p)}{\mu^{(2)}_{U(I_{A_{p-1}})}(\Omega_p)}.$$

Da das Vorliegen eines linearen Paares auch von den übrigen Alternativen $A_1, \ldots, A_{p-2}$ in der Bedingung abhängt, muß man das lineare Paar als mathematisches Modell auffassen, auf das allgemeine Übergangswahrscheinlichkeiten zurückgeführt werden. Es wäre nach diesen Ausführungen auch möglich, L^q-lineare Paare mit $q \neq 2$ oder allgemein L^f-lineare Paare zuzulassen. Solche Modelle werden nach meiner Kenntnis (noch) nicht in der Physik verwendet. Es ist ganz interessant, daß diese Verallgemeinerung möglich ist, ohne wesentliche mathematische Konzepte zu verändern.

Wenn die Bezeichnung lineares Paar einen Sinn haben soll, sollten „kleine“ Veränderungen der Alternativen der Bedingung nicht beliebig die Häufigkeitsverteilung für die Alternativen in der Entscheidung verändern. Da in der Regel die Alternativen in der Bedingung nicht wiederholbar beliebig gleich festgestellt werden können (z. B. die Spaltbreiten bei dem vorne diskutierten Experiment), würden sonst die W-Maße für lineare Paare keine überprüfbaren Beziehungen zwischen den Ereignisklassen A_{p-1} und A_p beschreiben. Daß dies nicht passiert, ist gesichert, wenn man $(U(I_{A_{p-1}}), U(I_{A_{p-1}}))$ als Maß auf A_{p-1} auffassen kann. Wegen der möglichen Ereignis-p-tupel ist $(U(I_{A_{p-1}}), U(I_{A_{p-1}}))$, als Funktion von A_{p-1} betrachtet, genau für die A_{p-1} aus A_{p-1} positiv, deren $\mu_{G_{p-1}}$-Maß positiv ist. Da dieses Maß also die gleichen Nullmengen und Nichtnullmengen wie $\mu_{G_{p-1}}$ hat, ist es keine wesentliche Einschränkung, es anstelle von $\mu_{G_{p-1}}$ zu verwenden. Wir setzen also

$$\tilde{\mu}_{G_{p-1}}(A_{p-1}) = (U(I_{A_{p-1}}), U(I_{A_{p-1}})).$$

Nach der S. 49 kann man hierfür auch schreiben

$$\widetilde{\mu}_{G_{p-1}}(A_{p-1}) = (I_{A_{p-1}}, I_{A_{p-1}})_{p-1} = (U(I_{A_{p-1}}), U(I_{A_{p-1}}))_p,$$

wobei der Index bei dem Skalarprodukt andeuten soll, in welchem Raum das Skalarprodukt gebildet wird. Damit läßt sich U als lineare *unitäre* Abbildung von E_{p-1} auf $U(E_{p-1}) \subset \widetilde{L}^2(\mu_{G_p}, C)$ auffassen. Für ψ aus $U(E_{p-1})$ kann man deshalb U^{-1} definieren, und man erhält daher für die Übergangswahrscheinlichkeit das Aussehen:

$$q(A_{p-1}; A_p) = \frac{1}{(I_{A_{p-1}}, I_{A_{p-1}})_{p-1}} (U(I_{A_{p-1}}), P_{A_p} U(I_{A_{p-1}}))_p$$

$$= \frac{1}{(I_{A_{p-1}}, I_{A_{p-1}})_{p-1}} (I_{A_{p-1}}, U^{-1} P_{A_p} U I_{A_{p-1}})_{p-1}$$

Im Unterschied zur ursprünglichen Formel wird hier die Indikatorfunktion aus E_{p-1} nicht abgebildet, sondern der Operator P_{A_p} auf $L^2(\mu_{G_p}, C)$ auf einen Operator $U^{-1} P_{A_p} U$ auf E_{p-1}.

Man muß beachten, daß die Forderung, daß U unitär ist, das Maß $\mu_{G_{p-1}}$ *relativ* zum Maß μ_{G_p} festlegt. Wenn man μ_{G_p} verändert, verändert sich auch $\mu_{G_{p-1}}$ und umgekehrt, ohne daß die Existenz der Abbildung U hierbei berührt wird. Eine Festlegung des Maßes $\mu_{G_{p-1}}$ kann sinnvoll sein, wenn es möglich ist, dieses Maß einheitlich zu wählen, unabhängig davon, welche Klasse von Ereignissen in der Entscheidung des linearen Paars stehen. Setzt man in der Formel für die Übergangswahrscheinlichkeit formal $A_{p-1} = A_p$ und wählt für U die identische Abbildung, bekommt die Übergangswahrscheinlichkeit äußerlich die Form des üblichen Relativmaßes (bedingte Wahrscheinlichkeit)

$$q(A_{p-1}; A_p) = \frac{(I_{A_{p-1}}, P_{A_p} I_{A_{p-1}})_{p-1}}{(I_{A_{p-1}}, I_{A_{p-1}})_{p-1}} = \frac{\mu_{G_{p-1}}(A_{p-1} \cap A_p)}{\mu_{G_{p-1}}(A_{p-1})}.$$

Da hier die Ereignisse nicht getrennt entschieden werden, steht genaugenommen keine Alternative in der Bedingung. Man könnte dann das Maß $\mu_{G_{p-1}}$ betrachten als „unbedingte (bedingungsfreie)"

Relativwahrscheinlichkeit, die man wohl allgemein (in Spezialfällen) die „a-priori"-Wahrscheinlichkeit nennt. Wir vereinbaren deshalb:

(V 5)   Wenn es für alle linearen Paare, in denen die Ereignisse einer Klasse gleichwertiger Meßgeräte in der Bedingung stehen, möglich ist, ein einheitliches Maß μ_G zu wählen, soll es die „a-priori-Wahrscheinlichkeit" genannt werden.

Wenn man $\mu_{G_{p-1}}(\Omega_{p-1}) = 1$ wählen kann, liegt es aufgrund der üblichen Formeln für die bedingte Wahrscheinlichkeit nahe,

$$(U(I_{A_{p-1}}), P_{A_p} U(I_{A_{p-1}}))_p = (I_{A_{p-1}}, U^{-1} P_{A_p} U I_{A_{p-1}})_{p-1}$$

als Wahrscheinlichkeit $W(A_{p-1}, A_p)$ für das Paar (A_{p-1}, A_p) zu betrachten. Dann gilt

$$0 \leqslant W(A_{p-1}, A_p) \leqslant (I_{A_{p-1}}, U^{-1} P_{\Omega_p} U I_{A_{p-1}}) =$$

$$= (I_{A_{p-1}}, I_{A_{p-1}}) = \mu_{G_{p-1}}(A_{p-1}) \leqslant \mu_{G_{p-1}}(\Omega_{p-1}) = 1.$$

Diese Interpretation stößt auf Schwierigkeiten, wenn man die Paare (A^1_{p-1}, A_p) und (A^2_{p-1}, A_p) auch als Alternativen betrachten will, wenn A^1_{p-1} und A^2_{p-1} Alternativen sind, wenn also gilt

$$A^1_{p-1} \cap A^2_{p-1} = \emptyset;$$

denn dann gilt wegen

$$I_{A^1_{p-1} \cup A^2_{p-1}} = I_{A^1_{p-1}} + I_{A^2_{p-1}}$$

$$W(A^1_{p-1} \cup A^2_{p-1}, A_p) = ((I_{A^1_{p-1} \cup A^2_{p-1}}), U^{-1} P_{A_p} U I_{A^1_{p-1} \cup A^2_{p-1}})$$

$$= (I_{A^1_{p-1}}, U^{-1} P_{A_p} U I_{A^1_{p-1}}) +$$

$$+ (I_{A^2_{p-1}}, U^{-1} P_{A_p} U I_{A^1_{p-1}}) +$$

$$+ (I_{A^1_{p-1}}, U^{-1} P_{A_p} U I_{A^2_{p-1}}) +$$

$$+ (I_{A^2_{p-1}}, U^{-1} P_{A_p} U I_{A^2_{p-1}})$$

$$= W(A^1_{p-1}, A_p) + W(A^2_{p-1}, A_p) +$$

$$+ 2 \operatorname{Real}(I_{A^1_{p-1}}, U^{-1} P_{A_p} U I_{A^2_{p-1}}).$$

Der dritte Summand $2\,\mathrm{Real}(I_{A^1_{p-1}},\,U^{-1}P_{A_p}U\,I_{A^2_{p-1}})$, der Interferenzterm[50]), kann, muß aber nicht gleich Null sein. Wenn man
also die Paare (A^1_{p-1}, A_p) und (A^2_{p-1}, A_p) für disjunkte A^1_{p-1} und
A^2_{p-1} als Alternativen betrachten will, gilt für die Funktion
$W(A^1_{p-1} \cup A^2_{p-1}, A_p)$ wegen des Interferenzterms i. a. nicht die für
Maße wichtige Additivität.[51]) Dies soll mit einem Rechenbeispiel
erläutert werden. Man kann bei diesem Modell an ein quanten-
mechanisches 2-Zustandsmodell denken (Teilchen mit dem Spin
$\hbar/2$). Für die Ereignisverbände

$$A_{p-1} = \{\emptyset, A^1_{p-1}, A^2_{p-1}, \Omega_{p-1}\} \quad \text{mit} \quad A^1_{p-1} \cap A^2_{p-1} = \emptyset$$

$$\text{und} \quad A^1_{p-1} \cup A^2_{p-1} = \Omega_{p-1}$$

bzw.

$$A_p = \{\emptyset, A^1_p, A^2_p, \Omega_p\} \quad \text{mit} \quad A^1_p \cap A^2_p = \emptyset \quad \text{und}$$

$$A^1_p \cup A^2_p = \Omega_p$$

seien die natürlichen Maße gegeben durch

$$\mu_{G_{p-1}}(A^1_{p-1}) = \mu_{G_{p-1}}(A^2_{p-1}) = \mu_{G_p}(A^1_p) = \mu_{G_p}(A^2_p) = \frac{1}{2}.$$

Man überprüft sofort, daß hiermit durch

$$U(I_{A^1_{p-1}}) = \cos\phi\, I_{A^1_p} + \sin\phi\, I_{A^2_p}$$

$$U(I_{A^2_{p-2}}) = -\sin\phi\, I_{A^1_p} + \cos\phi\, I_{A^2_p}$$

eine lineare unitäre Abbildung U für die natürlichen Hilberträume
definiert wird. Man erhält für die Übergangswahrscheinlichkeiten:

$$q(A^1_{p-1}; A^1_p) = \frac{(U(I_{A^1_{p-1}}),\, I_{A^1_p}U(I_{A^1_{p-1}}))}{(U(I_{A^1_{p-1}}),\, U(I_{A^1_{p-1}}))} = \cos^2\phi,$$

$$q(A^1_{p-1}; A^2_p) = \frac{(U(I_{A^1_{p-1}}),\, I_{A^2_p}U(I_{A^1_{p-1}}))}{(U(I_{A^1_{p-1}}),\, U(I_{A^1_{p-1}}))} = \sin^2\phi,$$

$$q(A^2_{p-1}; A^1_p) = \frac{(U(I_{A^2_{p-1}}),\, I_{A^1_p}U(I_{A^2_{p-1}}))}{(U(I_{A^2_{p-1}}),\, U(I_{A^2_{p-1}}))} = \sin^2\phi,$$

$$q(A_{p-1}^2; A_p^2) = \frac{(U(I_{A_{p-1}^2}), I_{A_p^2} U(I_{A_{p-1}^2}))}{(U(I_{A_{p-1}^2}), U(I_{A_{p-1}^2}))} = \cos^2 \phi,$$

$$q(A_{p-1}^2; A_p^1 \cup A_p^2) = q(A_{p-1}^2; A_p^1 \cup A_p^2) = 1,$$

$$q(A_{p-1}^1 \cup A_{p-1}^2; A_p^1) = \frac{(U(I_{A_{p-1}^1} + I_{A_{p-1}^2}), I_{A_p^1} U(I_{A_{p-1}^1} + I_{A_{p-1}^2}))}{(U(I_{A_{p-1}^1} + I_{A_{p-1}^2}), U(I_{A_{p-1}^1} + I_{A_{p-1}^2}))}$$

$$= \frac{1}{2} - \cos \phi \sin \phi = \frac{1}{2} (1 - \sin 2\phi),$$

$$q(A_{p-1}^1 \cup A_{p-1}^2; A_p^2) = \frac{(U(I_{A_{p-1}^1} + I_{A_{p-1}^2}), I_{A_p^2} U(I_{A_{p-1}^1} + I_{A_{p-1}^2}))}{(U(I_{A_{p-1}^1} + I_{A_{p-1}^2}), U(I_{A_{p-1}^1} + I_{A_{p-1}^2}))}$$

$$= \frac{1}{2} + \cos \phi \sin \phi = \frac{1}{2} (1 + \sin 2\phi),$$

$$q(A_{p-1}^1 \cup A_{p-1}^2; A_p^1 \cup A_p^2) = 1.$$

Für die Funktion $W(A_{p-1}, A_p)$ ergibt sich deshalb:

$$W(A_{p-1}^1, A_p^1) = W(A_{p-1}^2, A_p^2) = \frac{1}{2} \cos^2 \phi,$$

$$W(A_{p-1}^1, A_p^2) = W(A_{p-1}^2, A_p^1) = \frac{1}{2} \sin^2 \phi,$$

$$W(A_{p-1}^2, A_p^1 \cup A_p^2) = W(A_{p-1}^2, A_p^1 \cup A_p^2) = \frac{1}{2},$$

$$W(A_{p-1}^1 \cup A_{p-1}^2, A_p^1) = \frac{1}{2} (1 - \sin 2\phi),$$

$$W(A_{p-1}^1 \cup A_{p-1}^2, A_p^2) = \frac{1}{2} (1 + \sin 2\phi),$$

$$W(A_{p-1}^1 \cup A_{p-1}^2, A_p^1 \cup A_p^2) = 1.$$

Schreibt man für $i = 1, 2$

$$\mu_{G_{p-1}}(A_{p-1}^i) = \frac{1}{2} \doteq p(A_{p-1}^i),$$

erhält man

$$p(A_{p-1}^1)\,q(A_{p-1}^1\,;A_p^1) + p(A_{p-1}^2)\,q(A_{p-1}^2\,;A_p^1) =$$

$$= W(A_{p-1}^1, A_p^1) + W(A_{p-1}^2, A_p^1) = \frac{1}{2},$$

$$p(A_{p-1}^1)\,q(A_{p-1}^1\,;A_p^2) + p(A_{p-1}^2)\,q(A_{p-1}^2\,;A_p^2) =$$

$$= W(A_{p-1}^1, A_p^2) + W(A_{p-1}^2, A_p^2) = \frac{1}{2}.$$

Diese Ausdrücke unterscheiden sich durch die Interferenzterme

$$2(U(I_{A_{p-1}^1}), I_{A_p^1}U(I_{A_{p-1}^2})) = -\frac{1}{2}\sin 2\phi,$$

$$2(U(I_{A_{p-1}^1}), I_{A_p^2}U(I_{A_{p-1}^2})) = \frac{1}{2}\sin 2\phi$$

von $W(A_{p-1}^1 \cup A_{p-1}^2, A_p^1)$ bzw. $W(A_{p-1}^1 \cup A_{p-1}^2, A_p^2)$. Man erhält
also für diese Funktion W nicht die der S. 30 entsprechende Formel.
Selbst wenn man darauf verzichtet, $\mu_{G_{p-1}}(A_{p-1}^i)$ als Wahrscheinlichkeit $p(A_{p-1}^i)$ zu interpretieren, liefert dieses Beispiel einen
Widerspruch zu den üblichen Formeln, bei denen die Übergangswahrscheinlichkeit als bedingte Wahrscheinlichkeit definiert wird.
Es soll hier versucht werden, die Wahrscheinlichkeiten λ_1 und λ_2
für die Ereignisse A_{p-1}^1 bzw. A_{p-1}^2 so zu wählen, daß man mit

$$\lambda_1 + \lambda_2 = 1, \quad q(A_{p-1}^1\,;A_p^1) = \cos^2\phi, \quad q(A_{p-1}^2\,;A_p^1) = \sin^2\phi,$$

$$q(A_{p-1}^1 \cup A_{p-1}^2\,;A_p^1) = \frac{1}{2}(1 - \sin 2\phi)$$

schreiben kann

$$q(A_{p-1}^1 \cup A_{p-1}^2\,;A_p^1) = \lambda_1\,q(A_{p-1}^1\,;A_p^1) + \lambda_2\,q(A_{p-1}^2\,;A_p^1).$$

Man nennt dies eine konvexe Linearkombination der Übergangswahrscheinlichkeiten, die den Formeln der S. 30 entspricht. Aus

$$\frac{1}{2}(1 - \sin 2\phi) = \lambda_1\cos^2\phi + (1 - \lambda_1)\sin^2\phi$$

erhält man nach einfachen Umformungen

$$\lambda_1 = \frac{1}{2}(1 - \tan 2\phi).$$

Nur für gewisse ϕ-Werte liefert diese Gleichung λ_1-Werte, die zwischen 0 und 1 liegen.

Das Auftreten der Interferenzterme zeigt deutlich, wie eine Quantentheorie „verborgener Parameter" nicht aufgebaut sein darf. Wir wollen z. B. die Übergangswahrscheinlichkeiten für die Messungen der Ortskoordinate zu zwei Zeiten $t_1 < t_2$ mit einem stochastischen Prozeß berechnen (zur Definition eines stochastischen Prozesses vgl. z. B. *H. Bauer* (1974), S. 137, 345). Ein stochastischer Prozeß ist eine von einer Parametermenge abhängige Schar **A-B**-meßbarer Abbildungen von einem Wahrscheinlichkeitsraum Ω (mit der σ-Algebra **A** und dem Wahrscheinlichkeitsmaß W) in einen Bildraum X mit der σ-Algebra **B**. Als Parametermenge wollen wir hier die Zeit t wählen und als Bildmenge ein cartesisches Produkt des R^1 mit einer Indexmenge I

$$X = \underset{i \in I}{\times}\, R^1 \equiv R^I \equiv R^1 \times R^1 \times \ldots \times R^1 \times \ldots,$$

wobei zu mindestens einem Index i_0 die Ortsvariable gehören soll, die auch die Spalte beschreibt. Man kann bei den Elementen von X bei geeigneter Wahl von I sowohl nur an die dem Spalt entsprechende Ortsvariable eines Teilchens denken, oder an das n-tupel aus den dem Spalt entsprechenden Ortskoordinaten aller Teilchen. Zu ihnen können weitere Variable hinzugenommen werden, müssen aber nicht. Für X soll die übliche Produkt-σ-Algebra aus den Borelschen σ-Algebren des R^1 gewählt werden. Es ist zu beachten, daß für die Pfade des stochastischen Prozesses

$$x_t(\omega) = (x_t^{i_1}(\omega), \ldots, x_t^{i_0}(\omega), \ldots)$$

für keine Komponente die Differenzierbarkeit nach t vorausgesetzt werden muß und daß auch keine speziellen Annahmen über die Natur des W-Raums Ω nötig sind. Es sind die ω-Werte des W-Raums Ω die „verborgenen Parameter" dieses stochastischen Prozesses. Es können durchaus Elemente eines Funktionsraums sein. In der üblichen klassischen statistischen Mechanik wählt man für X die Variablen der interessierenden Freiheitsgrade und für ω die Anfangswerte der Variablen des gesamten abgeschlossenen Systems, für das man annimmt, daß es durch ein System gewöhnlicher Differentialgleichungen erster Ordnung beschrieben werden kann. Für diesen Fall ist also ein Teil der Lösung dieses Systems der stochastische Prozeß (vgl. *G. Gerlich,* Physica **68** (1973), S. 107, **69** (1973), 458, **82A** (1976), 477).

Die Spalte des Interferenzexperiments haben Ortskoordinaten, die in disjunkten Intervallen Δx_1 bzw. $\Delta x_1'$ liegen. Die umfangreichsten Mengen aus X, die die geeigneten Werte zur Zeit t_1 für die Spalte haben können, lauten

$$A = \{(., \ldots, x_{t_1}^{i_0}, \ldots) \mid x_{t_1}(\omega) =$$
$$= (., \ldots, x_{t_1}^{i_0}(\omega), \ldots), \, x_{t_1}^{i_0}(\omega) \in \Delta x_1, \, \omega \in \Omega\}$$

bzw.

$$A' = \{(., \ldots, x_{t_1}^{i_0}, \ldots) \mid x_{t_1}(\omega) =$$
$$= (., \ldots, x_{t_1}^{i_0}(\omega), \ldots), \, x_{t_1}^{i_0}(\omega) \in \Delta x_1', \, \omega \in \Omega\}.$$

Da die Intervalle Δx_1 und $\Delta x_1'$ disjunkt sind, gilt

$$A \cap A' = \emptyset.$$

Zur Zeit t_2 soll (mindestens) die i_0-Komponente des stochastischen Prozesses im Intervall Δx_2 liegen:

$$B = \{(., \ldots, x_{t_2}^{i_0}, \ldots) \mid x_{t_2}(\omega) =$$
$$= (., \ldots, x_{t_2}^{i_0}(\omega), \ldots), \, x_{t_2}^{i_0}(\omega) \in \Delta x_2, \, \omega \in \Omega\}.$$

Es können für diese Mengen noch weitere Eigenschaften aufgeführt werden, sofern sie für die entsprechenden Komponenten auf Borelsche Teilmengen des R^1 führen. Dann gilt sicher: Die Urbilder

$$x_{t_1}^{-1}(A), \quad x_{t_1}^{-1}(A'), \quad x_{t_2}^{-1}(B)$$

sind A-meßbare Teilmengen des Wahrscheinlichkeitsraums Ω. Die für diese Ausführungen entscheidende Beziehung ist: Da A und A' disjunkt sind, sind auch die Urbilder $x_{t_1}^{-1}(A)$ und $x_{t_1}^{-1}(A')$ disjunkt:

$$x_{t_1}^{-1}(A) \cap x_{t_1}^{-1}(A') = \{\omega \mid x_{t_1}(\omega) \in A\} \cap \{\omega \mid x_{t_1}(\omega) \in A'\}$$
$$= \{\omega \mid x_{t_1}(\omega) \in A \text{ und } x_{t_1}(\omega) \in A'\} = \emptyset.$$

Die Übergangswahrscheinlichkeiten der stochastischen Prozesse erhält man als bedingte Wahrscheinlichkeiten, indem man die Wahrscheinlichkeit dafür, daß die Pfade zur Zeit t_1 durch das „Fenster" A^i und zur Zeit t_2 durch das „Fenster" B gehen, dividiert durch die Wahrscheinlichkeit, daß sie zur Zeit t_1 durch das „Fenster" A^i gehen. Hier ist für A^i zu setzen A, A' und $A \cup A'$:

$$q(A^i; B) = \frac{W(x_{t_1}^{-1}(A^i) \cap x_{t_2}^{-1}(B))}{W(x_{t_1}^{-1}(A^i))}.$$

Es bedeutet hier W das Wahrscheinlichkeitsmaß des Wahrscheinlichkeitsraums Ω. Mit der Definition des Urbilds und den üblichen
Rechenregeln der Mengenlehre erhält man

$$x_{t_1}^{-1}(A \cup A') \cap x_{t_2}^{-1}(B) = (x_{t_1}^{-1}(A) \cup x_{t_1}^{-1}(A')) \cap x_{t_2}^{-1}(B) =$$

$$= (x_{t_1}^{-1}(A) \cap x_{t_2}^{-1}(B)) \cup (x_{t_1}^{-1}(A') \cap x_{t_2}^{-1}(B)).$$

Da $x_{t_1}^{-1}(A)$ und $x_{t_1}^{-1}(A')$ disjunkte Teilmengen von Ω sind, ist dies
eine Vereinigung disjunkter Mengen. Deshalb gilt:

$$q(A \cup A'; B) = \frac{W(x_{t_1}^{-1}(A \cup A') \cap x_{t_2}^{-1}(B))}{W(x_{t_1}^{-1}(A \cup A'))}$$

$$= \frac{W((x_{t_1}^{-1}(A) \cap x_{t_2}^{-1}(B)) \cup (x_{t_1}^{-1}(A') \cap x_{t_2}^{-1}(B))}{W(x_{t_1}^{-1}(A) \cup x_{t_1}^{-1}(A'))}$$

$$= \frac{W(x_{t_1}^{-1}(A) \cap x_{t_2}^{-1}(B)) + W(x_{t_1}^{-1}(A') \cap x_{t_2}^{-1}(B))}{W(x_{t_1}^{-1}(A)) + W(x_{t_1}^{-1}(A'))}$$

$$= \lambda_1 q(A; B) + \lambda_2 q(A'; B).$$

Hier wurde gesetzt

$$\lambda_1 = \frac{W(x_{t_1}^{-1}(A))}{W(x_{t_1}^{-1}(A)) + W(x_{t_1}^{-1}(A'))},$$

$$\lambda_2 = \frac{W(x_{t_1}^{-1}(A'))}{W(x_{t_1}^{-1}(A)) + W(x_{t_1}^{-1}(A'))}.$$

Es gilt also $\lambda_1 + \lambda_2 = 1$ mit $\lambda_1, \lambda_2 \geq 0$. Die mit der üblichen Theorie
stochastischer Prozesse berechnete Übergangswahrscheinlichkeit für
die Vereinigung disjunkter Ereignisse in der Bedingung ist also eine
konvexe Linearkombination der einzelnen Übergangswahrscheinlichkeiten.

Mit der Formel der Übergangswahrscheinlichkeit für (L^2-)lineare
Paare erhält man dagegen zusätzliche den Interferenzterm:

Für $A \cap A' = \emptyset$ ist $I_{A \cup A'} = I_A + I_{A'}$, also $U(I_{A \cup A'}) = U(I_A) + U(I_{A'})$
und $(I_A, I_{A'}) = 0$. Für unitäre U ist deshalb $(U(I_A), U(I_{A'})) = 0$.

Es gilt also:

$$q(A \cup A'; B) = \frac{(U(I_{A \cup A'}), I_B\, U(I_{A \cup A'}))}{(U(I_{A \cup A'}), U(I_{A \cup A'}))}$$

$$= \frac{(U(I_A), I_B\, U(I_A)) + (U(I_{A'})\, I_B\, U(I_{A'}))}{(U(I_A), U(I_A)) + (U(I_{A'}), U(I_{A'}))}$$

$$+ \frac{(U(I_{A'}), I_B U(I_A)) + (U(I_A), I_B\, U(I_{A'}))}{(U(I_A), U(I_A)) + (U(I_{A'}), U(I_{A'}))}$$

$$= \lambda_1\, q(A; B) + \lambda_2\, q(A'; B)$$

$$+ 2\, \text{Real}\, \frac{(U(I_{A'}), I_B\, U(I_A))}{(U(I_A), U(I_A)) + (U(I_{A'}), U(I_{A'}))}$$

Hier wurde gesetzt

$$\lambda_1 = \frac{(U(I_A), U(I_A))}{(U(I_A), U(I_A)) + (U(I_{A'}), U(I_{A'}))}$$

$$\lambda_2 = \frac{(U(I_{A'}), U(I_{A'}))}{(U(I_A), (U(I_A)) + (U(I_{A'}), U(I_{A'}))}\; .$$

Auch hierfür gilt $0 \leqslant \lambda_1, \lambda_2 \leqslant 1$ und $\lambda_1 + \lambda_2 = 0$.

Die disjunkten Spalte führten zu disjunkten Mengen A und A',
wenn man annahm, daß die zu den Spalten gehörende Ortskoordinate bei dem das Experiment beschreibenden Prozeß mindestens
als eine der Komponenten vorkommt. Da i.a. mit konvexen Linearkombinationen die Interferenzterme nicht zu erhalten sind, erhält
man mit diesem Modell des stochastischen Prozesses nicht alle Übergangswahrscheinlichkeiten der Quantenmechanik. Selbst wenn man
den stochastischen Prozeß statt mit t mit Funktionen $\phi(t)$ indiziert,
gelangt man zum gleichen Ergebnis, sofern man in den obigen Formeln für die Beschreibung des Interferenzexperiments anstelle des
Index ι_1 den Index $\phi_1(t)$ zu wählen hat. Nebenbei hat sich hier ergeben, daß *nur* der am Ende der Einleitung genannte Übergang von
einer differenzierbaren zu einer nichtdifferenzierbaren Mannigfaltigkeit nicht ausreicht, da die Pfade des stochastischen Prozesses nicht
als differenzierbar vorausgesetzt werden mußten. Betrachtet man
die obige Rechnung genauer, erkennt man, daß die Unzulänglichkeit

der Theorie stochastischer Prozesse zur Beschreibung quantenmechanischer Übergangswahrscheinlichkeiten darauf zurückzuführen
ist, daß *es sich bei ihr um eine Theorie von mit einem Parameter
(z. B. der Zeit) indizierten meßbaren Funktionen auf* **einem** *von
dem Parameter unabhängigen Wahrscheinlichkeitsraum handelt und
nicht um eine Theorie von meßbaren Funktionen auf mit dem Parameter (z. B. der Zeit) indizierten Wahrscheinlichkeitsräumen.* Die
hier zum Ausdruck gebrachte Unmöglichkeit, mit den obigen stochastischen Prozessen alle Übergangswahrscheinlichkeiten der Quantentheorie zu erhalten, halte ich für die korrekte Aussage über die
„Nichtexistenz" gewisser Quantentheorien mit „verborgenen Parametern".

12. Vergleich mit der „quantenmechanischen" Wahrscheinlichkeit

Die hier gegebene Formel für die Übergangswahrscheinlichkeit ist
nicht nur zufällig der üblichen quantenmechanischen Übergangswahrscheinlichkeit sehr ähnlich. Um den Unterschied zu erläutern,
soll die in den elementaren Lehrbüchern gebrachte quantenmechanische (Übergangs-)Wahrscheinlichkeit untersucht werden. Der hierbei durchgeführte Vergleich liefert dann auch die vorne fehlende
Plausibilitätsbetrachtung für den Ansatz $f(x) = x^2$ für die Übergangswahrscheinlichkeiten linearer Paare.

Ein Meßgerät A wird durch einen (wesentlich) selbstadjungierten
Operator A eines Hilbertraums H_0 beschrieben. Zu diesem Operator gehört die Spektraldarstellung

$$(\varphi, A\psi) = \int \lambda\, d_\lambda(\varphi, E_\lambda\, \psi).$$

Es ist E_λ eine linksseitig (oder auch rechtsseitig) stetige Schar von Projektionsoperatoren mit $\lim_{\lambda \to -\infty} E_\lambda = 0$ und $\lim_{\lambda \to \infty} E_\lambda = I$ (Einheitsoperator). Die Funktion $F(\lambda) = (\varphi, E_\lambda\varphi)$ ist dann für beliebige nor mierte φ des Hilbertraums H_0 eine linksseitig (oder rechtsseitig) stetige Verteilungsfunktion für die Werte λ des R^1. Ein normierbarer Hilbertraumvektor $\varphi \in H_0$ beschreibt den „Zustand des physikalischen Systems"[52]), wenn man mit dem Projektionsoperator

$$P_{[\lambda_1, \lambda_2[} = E_{\lambda_2} - E_{\lambda_1}$$

durch

$$W_\varphi([\lambda_1, \lambda_2[) = \frac{1}{(\varphi, \varphi)} \, (\varphi, P_{[\lambda_1, \lambda_2[} \varphi)$$

die Wahrscheinlichkeit dafür angeben kann, daß das zum Operator A gehörende Meßgerät A einen Meßwert aus dem Intervall $[\lambda_1, \lambda_2[$ liefert. Nun nützt diese Formel nicht sehr viel, wenn man nicht weiß, wann das System im „Zustand" φ ist. Dies wird häufig durch die folgende Aussage ermöglicht: Wenn mit einem Meßgerät B eine Messung den Wert b des diskreten Spektrums liefert, ist das physikalische System im „Zustand" φ_b, wenn φ_b ein normierter Eigenvektor zum Eigenwert b ist und der zum Eigenwert b gehörende Unterraum von H_0 eindimensional ist.

Damit man mit dieser Aussage etwas anfangen kann, muß also B in dem gleichen Hilbertraum H_0 definiert sein wie A. Wenn man also kurz vor der Messung mit dem Meßgerät A eine Messung mit einem (anderen) Meßgerät B durchgeführt hat, die den nichtentarteten Eigenwert b des diskreten Spektrums von B geliefert hat, läßt sich mit der vorne angegebenen Formel die Wahrscheinlichkeit dafür angeben, daß das Meßgerät A einen Wert aus dem Intervall $[\lambda_1, \lambda_2[$ anzeigt:

$$W_{\varphi_b}([\lambda_1, \lambda_2[) = (\varphi_b, P_{[\lambda_1, \lambda_2[} \varphi_b).$$

Ist der Operator $P_{[\lambda_1, \lambda_2[}$ ein Projektionsoperator auf den eindimensionalen Unterraum, der von dem zum Eigenwert λ_0 gehörenden normierten Eigenvektor φ_{λ_0} aufgespannt wird, kann man setzen $P_{[\lambda_1, \lambda_2[} \psi = \varphi_{\lambda_0}(\varphi_{\lambda_0}, \psi)$. Dann ist nach der Messung von λ_0 mit dem Meßgerät A das physikalische System im „Zustand" φ_{λ_0}, und man nennt

$$W_{\varphi_b}([\lambda_0, \lambda_0]) = W(b \to \lambda_0) = (\varphi_b, P_{[\lambda_0, \lambda_0]} \varphi_b)$$

$$= (\varphi_b, \varphi_{\lambda_0}(\varphi_{\lambda_0}, \varphi_b)) = (\varphi_{\lambda_0}, \varphi_b)(\varphi_b, \varphi_{\lambda_0})$$

$$= |(\varphi_{\lambda_0}, \varphi_b)|^2 = |(\varphi_b, \varphi_{\lambda_0})|^2$$

deshalb die Übergangswahrscheinlichkeit des Systems vom „Zustand"
φ_b in den „Zustand" φ_{λ_0}. Die Formel für

$$W_{\varphi_b}([\lambda_1, \lambda_2[) = (\varphi_b, P_{[\lambda_1, \lambda_2[}\, \varphi_b)$$

wird häufig in gleichwertigen, anders aussehenden Formen geschrieben: Ist ψ_i ein vollständiges Orthonormalsystem des Hilbertraums H_0, ist $\varphi_b = \sum_i \psi_i(\psi_i, \varphi_b)$, und man erhält:

$$W_{\varphi_b}([\lambda_1, \lambda_2[) = (\varphi_b, P_{[\lambda_1, \lambda_2[} \sum_i \psi_i(\psi_i, \varphi_b))$$

$$= \sum_i (\varphi_b, P_{[\lambda_1, \lambda_2[}\, \psi_i(\psi_i, \varphi_b)) = \sum_i (\varphi_b\, \overline{(\psi_i, \varphi_b)}, P_{[\lambda_1, \lambda_2[}\, \psi_i)$$

$$= \sum_i (\varphi_b(\varphi_b, \psi_i), P_{[\lambda_1, \lambda_2[}\, \psi_i) = \sum_i (P_{\varphi_b}\, \psi_i, P_{[\lambda_1, \lambda_2[}\, \psi_i)$$

$$= \sum_i (\psi_i, P_{\varphi_b} P_{[\lambda_1, \lambda_2[}\, \psi_i).$$

Dies nennt man die Spur des Operatorenprodukts $P_{\varphi_b} P_{[\lambda_1, \lambda_2[}$. Da
man in der Spur die Operatoren vertauschen kann, erhält man mit
$P_{\varphi_b} P_{\varphi_b} = P_{\varphi_b}$ auch

$$W_{\varphi_b}([\lambda_1, \lambda_2[) = \sum_i (\psi_i, P_{\varphi_b} P_{\varphi_b} P_{[\lambda_1, \lambda_2[}\, \psi_i)$$

$$= \sum_i (\psi_i, P_{\varphi_b} P_{[\lambda_1, \lambda_2[} P_{\varphi_b}\, \psi_i).$$

Diese Formeln sollen mit den hier gebrachten Arbeitshypothesen
beschrieben werden: Ein Meßgerät mit einem Operator eines
Hilbertraums H_0 zu beschreiben, ist nach den Ausführungen des
Kapitels 10 immer möglich, wenn das Meßgerät reelle Zahlen anzeigt. Da in der Formel der Operator selbst gar nicht eingeht, sondern nur ein bestimmter Projektionsoperator der Spektraldarstellung
des Operators, können wir also auch sagen, daß ein Meßgerät A
durch eine bestimmte Klasse von Projektionsoperatoren eines Hilbertraums H_0 beschrieben wird, die umgekehrt eindeutig den Operator bestimmt. Den Operator kann man deshalb auch hier — wie

im Kapitel 10 ausgeführt — als mathematische Beschreibungsform
für den Erwartungswert betrachten. Es ist mit den hier gebrachten
Vereinbarungen klar, daß $[\lambda_1, \lambda_2[$ die Alternative in der Entscheidung angibt, die durch den Projektionsoperator $P_{[\lambda_1, \lambda_2[}$ eines Hilbertraums H_0 beschrieben wird. Die übliche Aussage, daß
$W_{\varphi_b}([\lambda_1, \lambda_2[)$ die Wahrscheinlichkeit dafür angibt, daß das Meßgerät A einen Wert aus dem Intervall $[\lambda_1, \lambda_2[$ anzeigt, wird zu der
Aussage, daß $W_{\varphi_b}([\lambda_1, \lambda_2[)$ die Wahrscheinlichkeit liefert für die
durch $[\lambda_1, \lambda_2[$ gegebene Alternative des Meßgeräts A. Dies ist nach
den Ausführungen der Kapitel 5 und 6 gleichwertig. Ein Unterschied zu den hier gebrachten Formulierungen besteht darin, daß
von dem „Zustand eines physikalischen Systems" gesprochen wird,
der durch ein Element φ eines „abstrakten" Hilbertraums H_0 beschrieben wird. Da in der Formel für $W_{\varphi_b}([\lambda_1, \lambda_2[)$ der „Zustand"
φ_b des physikalischen Systems nur die Aufgabe hat, das W-Maß für
die Alternativen des Meßgeräts A zu liefern, das genau dann bekannt
ist, wenn das Meßgerät B den Wert b gemessen hat, hat also die
Messung des Werts b mit dem Meßgerät B genau die gleiche Aufgabe wie die bei (V 4) in der Bedingung stehende Alternative A_{p-1}
eines linearen Paars: Sie liefert das W-Maß für die in der Entscheidung stehenden Alternativen. Nur ist die durch den Wert b beschriebene Alternative im Unterschied zu den bei (V 4) zugelassenen
Alternativen besonders einfach.

Nach den Ausführungen des Kapitels 9 ist die genaue Lage des
Werts b eigentlich eine Konvention, und man kann bei einer Messung häufig nur davon sprechen, daß das Meßgerät B einen Wert
angezeigt hat, der in einem gewissen Intervall liegt. Wir wollen annehmen, daß in diesem Intervall Δb m nichtentartete Eigenwerte
b^k liegen. Dann weiß man bei einer Messung, daß einer, aber nicht
welcher der Werte b^k gemessen wurde. Da zu jedem Eigenwert b^k
ein normierter Eigenvektor $\varphi_b k$ gehört, erhält man m W-Maße

$$W_b k([\lambda_1, \lambda_2[) = (\varphi_b k, P_{[\lambda_1, \lambda_2[} \varphi_b k), \quad k = 1, 2, \ldots, m$$

für die Alternative $[\lambda_1, \lambda_2[$ in der Entscheidung. Durch die Entscheidung der Alternative Δb weiß man also nur, daß eines dieser W-Maße
geeignet ist, aber nicht welches. Wenn man deshalb das arithmetische
Mittel dieser m W-Maße als bestes W-Maß verwenden will, setzt man

voraus, daß bei einer Häufigkeitsuntersuchung für das Ereignispaar $(\Delta b, [\lambda_1, \lambda_2[)$ die einzelnen Eigenwerte b^k aus dem Intervall gleich häufig angenommen werden. Wenn dies nicht der Fall ist, wird man

m nichtnegative Zahlen w_k mit $\sum_{k=1}^{m} w_k = 1$ so wählen, daß

$$W(\Delta b, \Delta\lambda) = \sum_{k=1}^{m} w_k (\varphi_b k, P_{[\lambda_1, \lambda_2[} \varphi_b k)$$

das beste W-Maß für die Alternative $[\lambda_1, \lambda_2[$ des Ereignispaars $(\Delta b, \Delta\lambda)$ wird. Diese Formel bleibt gültig, auch wenn in Δb abzählbar viele Zahlen b^k liegen. Da die Eigenvektoren $\varphi_b k$ normiert sind, ist

$$P_{\varphi_b k}(\psi) = \varphi_b k (\varphi_b k, \psi)$$

ein Projektionsoperator, und man kann $W(\Delta b, \Delta\lambda)$ auch in der Form schreiben[53]

$$W(\Delta b, \Delta\lambda) = \sum_{i} (\psi_i, \rho P_{[\lambda_1, \lambda_2[} \psi_i) = \mathrm{Sp}(\rho P_{[\lambda_1, \lambda_2[}),$$

wobei der Operator

$$\rho = \sum_{k} w_k P_{\varphi_b k}$$

der Dichteoperator (statistischer Operator) des physikalischen Systems genannt wird. Der Dichteoperator hat die Spur 1.[54] Mit der gleichen Überlegung erhält man eine Erweiterung der Formel

$$W_b([\lambda_1, \lambda_2[) = (\varphi_b, P_{[\lambda_1, \lambda_2[} \varphi_b),$$

wenn es endlich viele linear unabhängige Vektoren zum Eigenwert b gibt. Dann hat man also z. B. m W-Maße, wenn man den Eigenwert b gemessen hat, die durch die m ortonormierten Eigenvektoren φ_b^k gegeben sind. Wenn man annimmt, daß alle W-Maße (bzw. φ_b^k) gleich häufig vorkommen, kann man als beste Häufigkeitsverteilung das arithmetische Mittel dieser W-Maße verwenden, das gegeben ist durch den Dichteoperator

$$\rho = \frac{1}{m} \sum_{k=1}^{m} P_{\varphi_b^k}.$$

Dieser Operator ρ ist unabhängig davon, welches Orthonormalsystem des von den φ_b^k aufgespannten Teilraums verwendet wird. Deshalb ist

$$\overline{W}_b\left([\lambda_1, \lambda_2[\right) = \mathrm{Sp}(\rho\, P_{[\lambda_1, \lambda_2[}) = \frac{1}{m} \sum_{k=1}^{m} (\varphi_b^k, P_{[\lambda_1, \lambda_2[}\, \varphi_b^k)$$

nur abhängig von dem zu dem Eigenwert b gehörenden Unterraum.[55] Vor allem bei diesem Dichteoperator wird deutlich, daß es sich hier nicht um die in (V 4) beschriebene Situation handelt, da durch *eine* Feststellung einer Alternative in der Bedingung eigentlich für die Alternativen in der Entscheidung *mehrere* W-Maße in Frage kommen. Dies ist nur sinnvoll, wenn diese W-Maße auch praktisch unterscheidbar sind. Im Fall des entarteten Eigenwerts ist dies sicher nicht möglich. Aber auch für Modelle mit abzählbar vielen Alternativen in der Bedingung (im Sinn von (AH 6) und (AH 7)) ist dies problematisch, da für das Feststellen des Geschehens der Alternative in der Bedingung mindestens eine Alternative als Zusammenfassung von abzählbar vielen Alternativen aufgefaßt werden muß.

Damit kommt diese Möglichkeit, mit einem Dichteoperator und mehreren $w_k \neq 0$ mehrere Alternativen in der Bedingung zusammenzufassen für ein lineares Paar nicht in Frage, sondern man muß die ursprüngliche Formel $\frac{1}{(\varphi, \varphi)} (\varphi, P_{[\lambda_1, \lambda_2[}\, \varphi)$ heranziehen. Ein wesentlicher Unterschied zwischen dieser Formel und der bei (V 4) angegebenen Formel besteht darin, daß der Operator $P_{[\lambda_1, \lambda_2[}$ in einem bestimmten „abstrakten" Hilbertraum H_0 definiert ist, in dem auch B definiert sein muß, und nicht im natürlichen Hilbertraum des Meßgeräts A. Doch dieser Unterschied läßt sich mit Hilfe der Spektraldarstellung E_λ des Operators A in H_0 beseitigen. Wir betrachten die Spektraldarstellung einfach als eine Möglichkeit zur Beschreibung der Ereignisse mit möglicher positiver Wahrscheinlichkeit.

Dies kann man in der folgenden Weise machen: Die Operatoren $P_{[\lambda, \lambda]}$ mit

$$(\varphi, P_{[\lambda, \lambda]}\varphi) > 0 \quad \text{für gewisse } \varphi \text{ aus } H_0$$

liefern die Elemente λ_i aus M. Die größten offenen Intervalle
$]a_i, b_i[$ mit

$$\left(\varphi, \left(P_{]a_i, b_i[} - \sum_{\substack{a_i < \lambda_j < b_i \\ \lambda_j \in M}} P_{[\lambda_j; \lambda_j]}\right)\varphi\right) = 0 \quad \text{für alle } \varphi \text{ aus } H_0$$

liefern das Komplement von G.

Damit kann man wie im Kapitel 9 das natürliche Maß μ_G auf dem
Spektrum G definieren. Ein wesentlicher Unterschied einer solchen
Spektralschar zu der Schar der Indikatorfunktionen im natürlichen
Hilbertraum besteht darin, daß es mehrere orthonormierte Funk-
tionen φ_k geben kann, für die bei festem λ_i

$$(\varphi_k, P_{[\lambda_i, \lambda_i]} \varphi_k) > 0$$

ist (Entartung des Eigenwerts λ_i).

Da $(\varphi, P_{[\lambda_1, \lambda_2[} \varphi)$ für festes φ aus H_0 ein endliches Maß ν_φ auf $\mathbf{B}^1$
definiert, das für alle μ_L-Nullmengen, die keine Elemente aus M
enthalten, Null ist, sind alle μ_G-Nullmengen auch ν_φ-Nullmengen.[56]
Da das Maß μ_G σ-endlich ist, kann man mit dem Satz von *Radon-
Nikodym*[57] eine nichtnegative meßbare Funktion c(x) angeben,
so daß für jedes $[\lambda_1, \lambda_2[$ gilt

$$\nu_\varphi([\lambda_1, \lambda_2[) = (\varphi, P_{[\lambda_1, \lambda_2[} \varphi) = \int I_{[\lambda_1, \lambda_2[} c(x)\, d\mu_G(x).$$

Setzt man für $c(x) = |\psi(x)|^2$, erhält man ein Element des natür-
lichen Hilbertraums, das das gleiche Maß wie φ beschreibt. Es ist
$|\psi(x)|^2$ fast überall eindeutig, aber wegen des Phasenfaktors ist deshalb $\psi(x)$ selbst nicht fast überall eindeutig. Es wird aber jeder Projektionsoperator der Spektralschar im Hilbertraum H_0 eindeutig auf
eine Indikatorfunktion des natürlichen Hilbertraums abgebildet. Die
Bestimmung der Spektralschar eines selbstadjungierten Operators
der Quantenmechanik hat in diesem Zusammenhang also die Aufgabe, diese Abbildung herzustellen. Damit kann man also annehmen,
daß der Operator A, der zum Meßgerät A gehört, in seinem natürlichen Hilbertraum definiert ist, da man alle möglichen W-Maße mit
den Elementen des natürlichen Hilbertraums erhalten kann.[58] Für
ein lineares Paar benötigt man deshalb zu jeder Alternative $[b_1, b_2[$

des Meßgeräts B in der Bedingung ein Element $\varphi_{[b_1,b_2[}$ aus dem
natürlichen Hilbertraum des Meßgeräts A, so daß das W-Maß für die
Alternative $[\lambda_1, \lambda_2[$ des Meßgeräts A in der Entscheidung gegeben
ist durch

$$q([b_1, b_2[; [\lambda_1, \lambda_2[) = \frac{(\varphi_{[b_1,b_2[}, P_{[\lambda_1,\lambda_2[} \varphi_{[b_1,b_2[})_p}{(\varphi_{[b_1,b_2[}, \varphi_{[b_1,b_2[})_p}$$

Da man ohne Einschränkung die Alternative $[b_1, b_2[$ in der Bedingung ersetzen kann durch die zugehörige Indikatorfunktion
$I_{[b_1,b_2[}$ des natürlichen Hilbertraums des Meßgeräts B, kann man
$\varphi_{[b_1,b_2[}$ als Bild $U(I_{[b_1,b_2[})$ dieser Indikatorfunktion schreiben.
Damit stellt sich auch hier das Problem, ob man für alle Ereignisse
(Indikatorfunktionen) eine lineare unitäre Abbildung U angeben
kann. Man erkennt, daß dieses Problem nicht durch die einzelnen
Spektraldarstellung von B und A in H_0 erledigt wurde. Man betrachte wieder den Fall, daß in dem Intervall $[b_1, b_2[$ genau m
nichtentartete Eigenwerte b^k des Operators B liegen. Es seien
$\varphi_b k$ die Bilder der Indikatorfunktionen $I_{\{b^k\}}$ bei der Abbildung U,
die Elemente des natürlichen Hilbertraums des Meßgeräts A sind.
Man erkennt, wie man eine solche Abbildung U leicht angeben
könnte: Dazu müßte der Operator B nur in dem natürlichen Hilbertraum des Meßgeräts A definiert sein. Ein normierter Eigenvektor $\varphi_b k$ zum Eigenwert b^k ist dann ein Element des natürlichen
Hilbertraums des Meßgeräts A. Man könnte dann die $\varphi_b k$ als Bil-

der von U wählen $U(I_{[b_1,b_2[}) = U\left(\sum_k I_{\{b^k\}}\right) = \sum_k \varphi_b k$, und die zuge-

hörige Übergangswahrscheinlichkeit lautet

$$q([b_1, b_2[; [\lambda_1, \lambda_2[) = \frac{1}{\sum_{k,k'} (\varphi_b k, \varphi_b k')_p} \sum_{k,k'} (\varphi_b k, P_{[\lambda_1,\lambda_2[} \varphi_b k')_p.$$

Wenn die Abbildung U unitär ist, gilt zwar

$$\sum_{k,k'} (\varphi_b k, \varphi_b k')_p = \sum_k (\varphi_b k, \varphi_b k)_p = m,$$

da die $I_{\{bk\}}$ orthonormiert sind. Aber in

$$\sum_{k,\,k'} (\varphi_b k, P_{[\lambda_1,\lambda_2[}\,\varphi_b k')_p = \sum_{k} (\varphi_b k, P_{[\lambda_1,\lambda_2[}\,\varphi_b k)_p +$$

$$+ \sum_{k \neq k'} (\varphi_b k, P_{[\lambda_1,\lambda_2[}\,\varphi_b k')_p$$

kann der zweite Term auf der rechten Seite im allgemeinen ungleich
Null sein. Dies ist gerade der auf S. 64 angegebene Interferenzterm.
Diese Zusammenfassung mehrerer Alternativen kann sich also durch
die entsprechende Zusammenfassung mit dem Dichteoperator der
S. 75 durch den Interferenzterm unterscheiden. Wenn man bedenkt,
daß die Spektraldarstellung eigentlich nur die Ereignisse mit möglicher positiver Wahrscheinlichkeit liefert, die zum Teil konventio-
nell festgelegt werden müssen, wird deutlich, daß die eigentlichen
physikalischen Zusammenhänge durch die Abbildung U vermittelt
werden, natürlich zusammen mit der speziellen Formel für die Übergangswahrscheinlichkeit. Da das Vorliegen dieser speziellen Formel
für die Übergangswahrscheinlichkeiten nicht nur an der Spaltanordnung, sondern auch an den anderen Alternativen in der Bedingung
liegt, kann man dies auch als eine Eigenschaft des durch den Präparierteil „präparierten" Elektronenstrahls betrachten. Dies halte ich
für die korrekte Interpretation der Aussage, daß nach einer Messung
des Eigenwerts b das „physikalische System" in dem durch
$\varphi_b = U(I_{\{b\}})$ gegebenen „Zustand" ist. Da man diese „Zustände"
wegen der Formel auf S. 73 auch dadurch kennzeichnen kann, daß
der zugehörige Dichteoperator die besonders einfache Form

$$\rho_r \psi = P_{U(I_{\{b\}})}\,\psi = \varphi_b\,(\varphi_b,\,\psi)$$

hat, nennt man diesen „Zustand" der Elektronen auch einen „reinen Zustand" zur Unterscheidung von „gemischten Zuständen"
bzw. „Zustandsgemischen", wenn man zur Beschreibung der Übergangswahrscheinlichkeit einen Dichteoperator mit mehreren
$w_k \neq 0$ heranziehen muß. In der hier gewählten Sprechweise hängt
das Vorliegen eines linearen Paars nicht nur von den Alternativen
der Spaltanordnung, sondern auch von den anderen in der Bedingung stehenden Alternativen A_1 bis A_{p-2} ab. Deshalb spricht man

häufig davon, daß die Elektronen in einem „reinen Zustand" sind,
bevor sie auf den Spalt treffen. Da diese Ausdrucksweise zu der An-
nahme verleitet, daß diese Eigenschaft des Elektronenstrahls unabhängig von den Alternativen der Spaltanordnung ist — was nach den
bisherigen Betrachtungen nicht sinnvoll ist —, soll diese Eigenschaft
den Elektronen zugeschrieben werden, wenn sie die Spaltanordnung
verlassen.[59]

Wenn man für die mathematische Beschreibung der physikalisch
interessierenden Übergangswahrscheinlichkeiten nicht nur den
„reinen Zustand" beim linearen Paar zugelassen hätte, sondern
einen allgemeineren Dichteoperator, wird es möglicherweise weniger
Schwierigkeiten beim Vergleich mit den festgestellten Häufigkeitsverteilungen geben. Dazu betrachten wir wieder das Experiment
mit m Spalten. Wir wollen mit K eine Teilmenge der Zahlen
$\{1, 2, \ldots, m\}$ kennzeichnen. Für jede verschiedene Teilmenge K
gebe es eine nichtnegative Zahl $w_K \neq 0$, wobei die Summe von w_K

über alle Teilmengen K, die als $\sum_K w_K$ geschrieben wird, gleich

1 sein soll. Dann kann man für das Spaltexperiment ein W-Maß für
die Alternativen A_p in der Entscheidung in der Form ansetzen[60]

$$q\left(\bigcup_i A_{p-1}^i\,;\,A_p\right) = \sum_K w_K \frac{\left(U\left(\sum_{i\in K} I_{A_{p-1}^i}\right),\,P_{A_p}U\left(\sum_{i\in K} I_{A_{p-1}^i}\right)\right)_p}{\left(U\left(\sum_{i\in K} I_{A_{p-1}^i}\right),\,U\left(\sum_{i\in K} I_{A_{p-1}^i}\right)\right)_p} =$$

$$= Sp(\rho_S P_{A_p}).$$

Bei dieser Formel hat man neben den m Vektoren $U(I_{A_{p-1}^i})$ noch
$2^m - 2$ Zahlen zum Anpassen der beobachteten Häufigkeitsverteilung zur Verfügung.[61] Vermutlich wird man mit dieser Menge von
wählbaren Parametern die festgestellten Häufigkeitsverteilungen
genügend genau durch eine Übergangswahrscheinlichkeit der Form

$$Sp(\rho_S P_{A_p})$$

beschreiben können, auch wenn die Alternativen $A_1, \ldots, A_{p-2}$ kein „lineares Paar" für die Meßinstrumente „Spaltanordnung, Registriereinrichtung" festlegen. Man kann einen solchen Dichteoperator aber auch benötigen, wenn das ursprüngliche Experiment ein lineares Paar war: Wir nehmen an, daß es durch geeignete apparative Veränderung bei der Herstellung des Elektronenstrahls — was hier durch ein neues $(p-2)$-tupel von Alternativen in der Bedingung beschrieben wird — möglich ist, das Spaltexperiment so durchzuführen, daß Spaltanordnung und Registriereinrichtung als lineares Paar aufgefaßt werden können. Wenn man dieses Experiment so durchführt, daß die jeweils zur Indexmenge K gehörenden Spalte mit der relativen Häufigkeit w_K geöffnet werden, erhält man für die Beschreibung dieses Experiments das mit den w_K gemittelte W-Maß

$$\sum_K w_K \frac{\left(U\left(\sum_{i \in K} I_{A_i} \right), P_{A_p} U\left(\sum_{i \in K} I_{A_i} \right) \right)_p}{\left(U\left(\sum_{i \in K} I_{A_i} \right), U\left(\sum_{i \in K} I_{A_i} \right) \right)_p} = \mathrm{Sp}(\rho_S P_{A_p})$$

Dieses Experiment liefert das gleiche W-Maß für die Alternativen des Effektteils, wie das ursprüngliche Experiment, bei dem der Präparierteil durch andere Alternativen gekennzeichnet wurde. Nun kann es möglich sein, daß die Übereinstimmung dieser (offensichtlich) verschiedenen Präparierteile so weit geht, daß für beliebige Effektteile, also alle möglichen Messungen an dem Elektronenstrahl die Übereinstimmung der W-Maße gegeben ist. Dann kann man sich auf den Standpunkt stellen, daß es keinen Sinn hat, diese Präparierteile zu unterscheiden.[62] Es ist wichtig, zu bemerken, daß diese Betrachtungsweise *nicht* zur Folge hat, daß diese gleichwertigen Präparierteile durch *einen* Dichteoperator beschrieben werden müssen, was man mit der hier verwendeten Bezeichnungsweise schon daran erkennen kann, daß jeder Dichteoperator nur in dem zu einem Meßgerät in der Entscheidung gehörenden natürlichen Hilbertraum definiert ist. Es gibt hier also auch bei gleichwertigen Präparierteilen für die verschiedenen sinnvollen Effektteile Dichteoperatoren, die im allgemeinen nicht einmal vergleichbar sind, weil sie verschiedene

Definitionsbereiche haben. Dies soll ausführlich dargelegt werden, da es den Standpunkt dieser Darstellung zu anderen Darstellungen verdeutlicht.

Natürlich kann man versuchen, die Alternativen aller sinnvollen Effektteile durch Projektionsoperatoren *eines* Hilbertraums H_0 zu beschreiben. Da jeder Projektionsoperator einen abgeschlossenen linearen Teilraum dieses Hilbertraums H_0 beschreibt, kann man dies auch dadurch ausdrücken, daß alle möglichen Alternativen für alle möglichen Effektteile eines Präparierteils durch die abgeschlossenen linearen Teilräume *eines* Hilbertraums H_0 beschrieben werden können. Die Klasse U der abgeschlossenen linearen Teilräume von H_0 kann man als Verband auffassen, indem man die Verbandsverknüpfungen in der folgenden Weise definiert: $L_1 \vee L_2$ ist der kleinste abgeschlossene lineare Teilraum, der L_1 und L_2 umfaßt. Der von L_1 und L_2 aufgespannte Teilraum ist also immer in $L_1 \vee L_2$ enthalten. $L_1 \wedge L_2$ ist der Durchschnitt dieser Teilräume, also der größte in L_1 und L_2 liegende abgeschlossene lineare Teilraum. Bei dieser Formulierung ist klar, daß diese Verknüpfungen auch für abzählbar viele L_i definiert werden können. Dann kann man diese Klasse also einen σ-Verband nennen. Die üblichen Rechenregeln für Verbände sind erfüllt:

(VB1) $L_1 \wedge L_2 = L_2 \wedge L_1$ $\qquad\qquad\qquad L_1 \vee L_2 = L_2 \vee L_1$

(VB2) $L_1 \wedge (L_2 \wedge L_3) = (L_1 \wedge L_2) \wedge L_3 \quad L_1 \vee (L_2 \vee L_3) = (L_1 \vee L_2) \vee L_3$

(VB3) $L_1 \wedge (L_1 \vee L_2) = L_1 \qquad\qquad L_1 \vee (L_1 \wedge L_2) = L_1$

(VB3a) $L_1 \wedge L_1 = L_1 \qquad\qquad\qquad L_1 \vee L_1 = L_1$

Die letzte Zeile folgt aus den vorangehenden Regeln. Ein Verband läßt sich immer als Halbordnung betrachten, indem man setzt

(HO) $L_1 \leqslant L_2$ genau dann, wenn $L_1 \wedge L_2 = L_1$ bzw.
$$L_1 \vee L_2 = L_2 .$$

Man überprüft mit den Verbandsrechenregeln sofort, daß es sich tatsächlich um eine Ordnungsrelation handelt, d.h. es gilt

(HO1) $L_1 \leqslant L_1,$

(HO2)   aus $L_1 \leqslant L_2$ und $L_2 \leqslant L_1$ folgt $L_1 = L_2,$

(HO3)   aus $L_1 \leqslant L_2$ und $L_2 \leqslant L_3$ folgt $L_1 \leqslant L_3.$

Im Fall des Verbandes der abgeschlossenen linearen Teilräume des Hilbertraums H_0 ist die Ordnungsrelation $\leqslant$ gerade gegeben durch das Enthalten sein $\subset$. Man setzt entsprechend $L_1 \geqslant L_2$ für $L_2 \leqslant L_1$ bzw. $L_1 \supset L_2$. Außerdem erkennt man, daß es sich hier bei $L_1 \vee L_2$ um das Supremum der Halbordnung, also die kleinste obere Schranke von L_1 und L_2, und bei $L_1 \wedge L_2$ um das Infimum, also die größte untere Schranke von L_1 und L_2 handelt. Aus $L_1 \leqslant L_2$ und $L_1 \leqslant L_3$ folgt also immer $L_1 \leqslant L_2 \wedge L_3$, während aus $L_1 \geqslant L_2$ und $L_1 \geqslant L_3$ folgt $L_1 \geqslant L_2 \vee L_3$.

Zu jedem abgeschlossenen Teilraum L des Hilbertraums H_0 gibt es einen eindeutig bestimmten abgeschlossenen Teilraum $L^\perp$, der aus allen zu L senkrechten Vektoren besteht, wobei gilt

(OK1) $L \vee L^\perp = H_0$

(OK2) $L \wedge L^\perp = \{0\} = H_0^\perp$

(OK3) $(L^\perp)^\perp = L$

(OK4)   aus $L_1 \leqslant L_2$ folgt $L_2^\perp \leqslant L_1^\perp$.

Allgemein nennt man einen Verband mit einer solchen Abbildung einen orthokomplementären Verband (vgl. z.B. *D. A. Kappos* (1969), S. 236). Den Raum $H_0^\perp$, der nur aus dem Nullvektor besteht, schreiben wir auch als 0. Wenn L nicht H_0 oder 0 ist, ist H_0 die direkte Summe von L und $L^\perp$: $H_0 = L \vee L^\perp = L \oplus L^\perp$. Das Orthokomplement vertauscht die Verknüpfungssymbole, d.h. es gilt

(OK5) $(L_1 \wedge L_2)^\perp = L_1^\perp \vee L_2^\perp$ bzw. $(L_1 \vee L_2)^\perp = L_1^\perp \wedge L_2^\perp$.

Mit (OK3) erhält man die rechte aus der linken Gleichung und umgekehrt. Man kann (OK5) in der folgenden Weise einsehen: Aus (OK4) folgt mit $L_1 \vee L_2 \geqslant L_1$ und $L_1 \vee L_2 \geqslant L_2$ sofort $(L_1 \vee L_2)^\perp \leqslant L_1^\perp$ und $(L_1 \vee L_2)^\perp \leqslant L_2^\perp$. Die Infimumeigenschaft liefert deshalb $(L_1 \vee L_2)^\perp \leqslant L_1^\perp \wedge L_2^\perp$.

Aus $L_1 \wedge L_2 \leqslant L_1$ und $L_1 \wedge L_2 \leqslant L_2$ folgen $(L_1 \wedge L_2)^\perp \geqslant L_1^\perp$ und $(L_1 \wedge L_2)^\perp \geqslant L_2^\perp$, woraus sich mit der Supremumeigenschaft ergibt

$$(L_1 \wedge L_2)^\perp \geqslant L_1^\perp \vee L_2^\perp.$$

Mit (OK4) und der vorigen Ungleichung gilt deshalb

$$L_1 \wedge L_2 \leqslant (L_1^\perp \vee L_2^\perp)^\perp \leqslant (L_1^\perp)^\perp \wedge (L_2^\perp)^\perp = L_1 \wedge L_2 \,.$$

Hieraus folgt

$$L_1 \wedge L_2 = (L_1^{\perp} \vee L_2^{\perp})^{\perp},$$

also mit (OK3) die gesuchte Gleichung (OK5). In einem orthokomplementären Verband, insbesondere im Verband der abgeschlossenen linearen Teilräume von H_0 nennt man zwei Elemente L_1 und L_2 orthogonal, wofür man schreibt $L_1 \perp L_2$, wenn gilt $L_1 \leqslant L_2^{\perp}$ bzw. $L_2 \leqslant L_1^{\perp}$. Orthogonale (abgeschlossene) Teilräume haben nur den Nullvektor als gemeinsames Element, während die Umkehrung hiervon i.a. nicht richtig ist. Dagegen haben die zu *einem* Effektteil gehörenden Elemente dieses Verbandes die Eigenschaft, daß zwei Teilräume sicher auch orthogonal sind, wenn sie nur den Nullvektor als gemeinsames Element enthalten.

Für $L_1 \leqslant L_3$ gilt in einem Verband

(HO4) $L_1 \vee (L_2 \wedge L_3) \leqslant (L_1 \vee L_2) \wedge L_3$.

Dies folgt aus $L_1 \leqslant L_3, L_1 \leqslant L_1 \vee L_2, L_2 \wedge L_3 \leqslant L_1 \vee L_2,$
$L_2 \wedge L_3 \leqslant L_3$.

Sind L_1 und L_2 orthogonal, gilt mit $L_1 \leqslant L_3$ in dem Verband der abgeschlossenen linearen Teilräume sogar die Gleichung

(MO1) $L_1 \vee (L_2 \wedge L_3) = (L_1 \vee L_2) \wedge L_3$ (für $L_1 \leqslant L_3, L_1 \perp L_2$).

Orthokomplementäre Verbände mit dieser Eigenschaft nennt man orthomodular oder schwach modular (vgl. z.B. *D. A. Kappos* (1969), S. 236, *V. S. Varadarajan* (1968), S. 108), da Verbände, für die (MO1) ohne die Einschränkung $L_1 \perp L_2$ gültig ist, modular heißen. Wegen (HO4) ist für den Verband der abgeschlossenen linearen Teilräume eines Hilbertraums für den Beweis von (MO1) nur zu zeigen, daß jeder Vektor der rechten Seite von (MO1) notwendig Element der linken Seite ist. Da L_1 und L_2 orthogonal sind, kann man einen Vektor x der rechten Seite, der insbesondere ein Element aus L_3 ist, eindeutig als Summe von einem Element aus L_1 und L_2 schreiben $x = x_1 + x_2$. Da x und x_1 wegen $L_1 \leqslant L_3$ Elemente aus L_3 sind, ist auch x_2 ein Element aus L_3, also ein Element aus $L_2 \wedge L_3$. Deshalb ist $x = x_1 + x_2$ ein Element aus $L_1 \vee (L_2 \wedge L_3)$. Auf die Voraussetzung $L_1 \perp L_2$ kann hier nicht verzichtet werden, da für unendlich-dimensionale Teilräume die direkte

Summe zweier abgeschlossener Teilräume nur dann notwendig abgeschlossen ist, wenn die Teilräume orthogonal sind (vgl. z.B. *W. Rudin* (1973), S. 20, 39). Diese Eigenschaft benötigt man aber, um jedes Element aus $L_1 \vee L_2$ als Summe eines Elements aus L_1 und L_2 schreiben zu können. Dies paßt zu einer anderen Kennzeichnung der schwachen Modularität (nach *V. S. Varadarajan* (1968), S. 105, 107):

(MO2)   Zu $L_1 \leqslant L_3$ existiert ein $L_2 \perp L_1$ mit $L_1 \vee L_2 = L_3$.

Dieses Element L_2 des orthokomplementären Verbandes ist eindeutig gegeben durch $L_2 = L_1^\perp \wedge L_3$. Wir zeigen, daß jedes Element L_2' mit $L_2' \perp L_1$ und $L_1 \vee L_2' = L_3$ gleich diesem Element $L_2 = L_1^\perp \wedge L_3$ ist. $L_2' \perp L_1$ ist gleichbedeutend mit $L_2' \leqslant L_1^\perp$, also gilt mit $L_1 \vee L_2' = L_3$

$$L_2' \leqslant L_1^\perp \wedge L_3 = L_2.$$

Hierfür gibt es nach (MO2) wiederum ein $L_0 \perp L_2'$ mit $L_2' \vee L_0 = L_2 = L_1^\perp \wedge L_3$. Es ist also $L_0 \leqslant L_3$, $L_0 \leqslant L_2'^\perp$ und $L_0 \leqslant L_1^\perp$. Hieraus folgt mit (OK5)

$$L_0 \leqslant L_1^\perp \wedge L_2'^\perp = (L_1 \vee L_2')^\perp = L_3^\perp.$$

Mit $L_0 \leqslant L_3$ ergibt sich $L_0 \leqslant L_3 \wedge L_3^\perp = 0$, was gleichbedeutend ist mit $L_2' = L_2$. Aus dieser Eindeutigkeit des in (MO2) genannten orthogonalen Elements erhält man für $L_1 \perp L_2$ durch Anwenden von (MO2) auf $L_1 \leqslant L_1 \vee L_2$

(MO3) $L_1^\perp \wedge (L_1 \vee L_2) = L_2$ für $L_1 \perp L_2$.

Für $L_1 \leqslant L_3$ gilt mit (MO1)

$$L_1 \vee (L_1^\perp \wedge L_3) = (L_1 \vee L_1^\perp) \wedge L_3 = H_0 \wedge L_3 = L_3.$$

Also folgt (MO2) aus (MO1). In allgemeinen orthokomplementären Verbänden ohne (MO1) hätte man für $L_1 \leqslant L_3$ mit (HO4) nur erhalten

$$L_1 \vee (L_1^\perp \wedge L_3) \leqslant L_3.$$

Um von (MO2) auf (MO1) zu schließen, gehen wir von (HO4) aus und berechnen das nach (MO2) eindeutig gegebene, zur linken Seite von (HO4) orthogonale Element L_0 mit

$$L_0 \vee (L_1 \vee (L_2 \wedge L_3)) = (L_1 \vee L_2) \wedge L_3.$$

Neben den Rechenregeln eines Verbandes werden bei den folgenden Umformungen (OK5), (MO3) und (OK2) verwendet

$$L_0 = (L_1 \vee (L_2 \wedge L_3))^{\perp} \wedge (L_1 \vee L_2) \wedge L_3$$
$$= L_1^{\perp} \wedge (L_2 \wedge L_3)^{\perp} \wedge (L_1 \vee L_2) \wedge L_3$$
$$= (L_1^{\perp} \wedge (L_1 \vee L_2)) \wedge L_3 \wedge (L_2 \wedge L_3)^{\perp}$$
$$= (L_2 \wedge L_3) \wedge (L_2 \wedge L_3)^{\perp} = 0.$$

Also folgt mit den angegebenen Voraussetzungen (MO1) aus (MO2).

Da jeder abgeschlossene lineare Teilraum L eines Hilbertraums H_0 auf eindeutige Weise durch den zugehörigen Projektionsoperator P_L beschrieben werden kann, kann man die Klasse aller abgeschlossenen linearen Teilräume eines Hilbertraums H_0 auch als Klasse aller Projektionsoperatoren betrachten. Die Klasse **U** aller abgeschlossenen linearen Teilräume bildet mit den angegebenen Verbandsverknüpfungen keinen distributiven Verband, ist also keine Boolesche σ-Algebra. Insbesondere ist die Inklusion

$$(L_1 \wedge L_2) \vee (L_1 \wedge L_2^{\perp}) \subset L_1 \wedge (L_2 \vee L_2^{\perp}) = L_1 \wedge H_0 = L_1$$

im allgemeinen echt, wie man schon bei einem zweidimensionalen H_0 erkennt, wenn man L_1 und L_2 als nicht parallele und nicht senkrechte eindimensionale Vektorräume wählt. Dieses Beispiel kann man für die Alternativen (linearen Teilräume) *eines* Effektteils nicht wählen. Es gilt sogar, daß die Alternativen *eines* Effektteils mit den *gleichen* Verbandsverknüpfungen eine Boolesche σ-Algebra bilden: Für die entsprechenden Projektionsoperatoren dieser σ-Algebra gilt:

$$P_{L_1 \vee L_2} = P_{L_1} + P_{L_2} - P_{L_1 \wedge L_2}$$
$$P_{L_1 \wedge L_2} = P_{L_1} P_{L_2} = P_{L_2} P_{L_1}.$$

Die Klasse **U** ist also ein Verband, in dem die σ-Algebren aller möglichen Effektteile als Unterverbände enthalten sind.

Wenn es diesen Hilbertraum H_0 für *alle* Alternativen *aller* möglichen Effektteile eines Präparierteils (einer Klasse gleichwertiger Präparierteile) gibt, wird jede Alternative durch einen geeigneten abgeschlossenen linearen Teilraum bzw. den zugehörigen Projektionsoperator beschrieben. Dann kann man umgekehrt versuchen, *jeden* abgeschlossenen linearen Teilraum von H_0 als Alternative eines geeignet geschalteten Effektteils betrachten. Dies auf Eigenschaften von Messungen (Hauptsätze des Messens) zurückzuführen, ist nicht sehr einfach und wird von *G. Ludwig* (1970) gemacht. In den Darstellungen der mathematischen Grundlagen der Quantenmechanik, die vor allem auf *J. v. Neumann* (1932, 1968) aufbauen, wird dies als Axiom verlangt. Nur wird meist eine etwas andere Ausdrucksweise gewählt: Die Alternativen aller möglichen Effektteile kann man auch „Fragen (questions)" an den Präparierteil des Experiments nennen. Wenn man den „Präparierteil eines Experiments" mit dem Begriff „physikalisches System" identifiziert, kann man dies auch „Fragen an das physikalische System" nennen. Wie vorne stellt sich dann das Problem, diese Klasse der „Fragen" mit einer geeigneten Verbandsstruktur genügend groß zu wählen, damit man *alle* abgeschlossenen linearen Teilräume von H_0 als „Fragen" betrachten kann. Man fordert deshalb als Axiom den Isomorphismus des „Verbands aller Fragen" zu den abgeschlossenen linearen Teilräumen eines Hilbertraums H_0.[63] Dieser Verband der „Fragen" wird auch „Logik" des physikalischen Systems genannt.[64] Es sei P_L der zum abgeschlossenen linearen Teilraum L von H_0 gehörende Projektionsoperator und ρ_s ein Dichteoperator des Hilbertraums H_0:

$$\rho_s = \sum_k w_k P_{\varphi_k}, \quad w_k \geqslant 0, \quad \sum_k w_k = 1.$$

Dann ist

$$F(L) = \mathrm{Sp}(\rho_s P_L) = \sum_k w_k (\varphi_k, P_L \varphi_k)_0 \quad \text{mit} \quad (\varphi_k, \varphi_i) = \delta_{ki}$$

für alle abgeschlossenen linearen Teilräume L eine nichtnegative Funktion mit den Eigenschaften[65]

$$0 = F(0) \leqslant F(L) \leqslant F(H_0) = 1,$$

$$F(L^\perp) = 1 - F(L),$$

$$F(L_1 \wedge L_2) \leqslant F(L_1) \quad \text{bzw.} \quad F(L_2).$$

Sind die Teilräume L_i paarweise orthogonal, gilt

$$P_{\bigvee_i L_i} = \sum_i P_{L_i}$$

und deshalb auch

$$F(\bigvee_i L_i) = \sum_i F(L_i) \quad \text{für} \quad L_i \perp L_k \quad (i \neq k).$$

Ist $L_1 \wedge L_2 = 0$, ohne daß L_1 und L_2 orthogonal sein müssen, gilt
nur

$$F(L_1 \vee L_2) \leqslant F(L_1) + F(L_2).$$

Da die Teilräume L_i *eines* Effektteils mit $L_i \wedge L_k = 0$ für $i \neq k$
immer paarweise orthogonal sind, gilt

$$F(\bigvee_i L_i) = \sum_i F(L_i) \quad \text{mit} \quad L_i \perp L_k, \quad i \neq k.$$

Die Funktion F ist also für jeden Unterverband **A** *eines* Effektteils
ein **W-Maß**. Da die Funktion F viele Eigenschaften eines **W-Maßes**
hat, kann man sie „quantenlogisches W-Maß" auf einem „quanten-
logischen σ-Verband" nennen. Man muß es natürlich nicht, insbesondere, wenn man bedenkt, daß die „Verbandsverknüpfung" für
Alternativen *verschiedener* Effektteile ausgesprochen künstlich wirkt,
wenn sich diese Effektteile nicht zu einem Effektteil zusammenfassen lassen (kommensurable Effekte, zusammen beantwortbare
Fragen, verträgliche Meßgeräte). Nach einem Satz von *Gleason*[66])
läßt sich *jede* Funktion F auf dem Verband **U** aller abgeschlossenen
linearen Teilräume eines Hilbertraums H_0, die die vorne genannten
Eigenschaften hat und die für jede Teilklasse von **U**, die eine σ-Al-
gebra ist, ein **W-Maß** liefert, in der Form

$$F(L) = \sum_k w_k (\varphi_k, P_L \varphi_k)$$

schreiben, wobei die φ_k als ein Orthonormalsystem gewählt werden können (vgl. Anm. 61). Damit hat man also in dem gemeinsamen Hilbertraum H_0 die Möglichkeit, die Klasse gleichwertiger
Präparierteile für alle möglichen Effektteile mit *einem* Dichteope-

rator zu beschreiben. Auf diese Möglichkeit wird hier verzichtet, da ich annehme, daß dies für die Beschreibung einzelner Experimente nicht notwendig ist.[67]) Dies heißt natürlich nicht, daß diese Betrachtungsweise bei dieser Darstellung ausgeschlossen wird. Dafür müssen die natürlichen Hilberträume mit den unitären Abbildungen U identifiziert werden. Dann haben alle Operatoren den gleichen Definitionsbereich und die Dichteoperatoren werden vergleichbar.

13. Lineare Paare für Maßmannigfaltigkeiten der Physik

Nach den Ausführungen des vorigen Kapitels wird klar, wie man allgemeine physikalische Zusammenhänge mit dem Modell des linearen Paars beschreiben kann, indem man nämlich die Übergangswahrscheinlichkeiten geeignet mittelt, was mathematisch durch den Übergang zu einem geeigneten Dichteoperator beschrieben wird, der in dem natürlichen Hilbertraum des Meßgeräts in der Entscheidung definiert ist.[68]) Damit ist das am Ende des 3. Kapitels angesprochene Problem, wie Aussagen und Beziehungen in der Physik formuliert werden, abschließend mit der folgenden Arbeitshypothese erledigt:

(AH 12) Physikalische Zusammenhänge werden durch die in (V 4) angegebenen linearen Paare beschrieben, wobei die allgemeinen Übergangswahrscheinlichkeiten durch Mittelung der Übergangswahrscheinlichkeit des linearen Paars erhalten werden. Das letztere wird kurz ein statistisches Gemisch linearer Paare genannt.

Bevor hier an grundlegenden physikalischen Beziehungen gezeigt wird, wie das Modell des linearen Paars verwendet wird, soll dargelegt werden, was sich durch (AH 4) bis (AH 12) im Hinblick auf (AH 3) in den Begriffsbildungen leicht verändert hat: In (AH 12) wird noch nicht ein Übergang zu äquivalenten Meßgeräten formuliert. Deshalb sind die n-tupel der Zeigerausschläge eines Satzes verträglicher Meßgeräte und damit die Ereigniselemente Repräsentanten eines Punktes der Mannigfaltigkeit. Physikalische Aussagen werden aber primär mit den meßbaren Teilmengen mit positivem Maß formuliert. Beim Wechsel der Meßgeräte muß also die σ-Algebra durch eine gleichwertige ersetzt werden. Dies ist möglich, wenn die in (AH 3) genannten umkehrbar eindeutigen Abbildungen der Klasse α der α-Mannigfaltigkeit meßbar sind. Dann ist es möglich, die Ereigniselemente mit den in (AH 3) genannten Zuständen eines physikalischen Systems zu identifizieren, wobei diese Zustände von den im letzten Kapitel verwendeten quantenmechanischen „Zuständen" zu unterscheiden sind. Die Ausschläge der Klasse der n verträglichen Meßgeräte werden also in einer *Maßmannigfaltigkeit* beschrieben. Da die physikalischen Aussagen für Paare von Mengen formuliert werden, muß auch diese *Paarstruktur* beim Anwenden der Abbildungen der Klasse α berücksichtigt werden. Das bedeutet bei den linearen Paaren, daß mit den Abbildungen der Klasse α auch die in (V 4) angegebene Abbildung U abgebildet werden muß. Durch die Abbildungen der Klasse α werden also *Paare von Maßmannigfaltigkeiten* abgebildet.

Die in (AH 12) genannte Mittelung der Übergangswahrscheinlichkeiten wird häufig mit einem wichtigen theoretischen Konzept durchgeführt, das das *Prinzip der maximalen Entropie* bei gegebenem Kenntnisstand genannt wird. Man denke an ein Experiment, bei dem man zwar weiß, daß es sich eigentlich mit dem Modell des linearen Paars beschreiben läßt, wobei aber nicht bekannt ist, welche Alternative in der Bedingung für die Berechnung des W-Maßes zu verwenden ist. Man kann auch an das auf der S. 80 behandelte Beispiel denken, nur mit dem Unterschied, daß hier die Indikatorfunktionen disjunkt sind und die zugehörigen w_K unbekannt sind. Das Prinzip der maximalen Entropie liefert dann ein Verfahren zur Bestimmung der w_K. Es wird vor allem verwendet, wenn die Energiemessung in der Bedingung steht. Man kann dann von der folgenden Modellvorstellung ausgehen: Wird ein System energetisch isoliert, kann man dies eine Energiemessung nennen. Nur weiß man nicht, welche Energie man gemessen hat. Weiß man aus irgendwelchen Gründen, daß bei diesem Entkoppeln ein bestimmter Mittelwert für die Energie beim Wiederholen des Experiments vorliegt, kann man solche p_i für die E_i verwenden, die diesen Mittelwert liefern. Um sicher zu sein, daß nicht zu viel Information hineingesteckt wird, die eigentlich nicht gegeben ist, kann man die Verteilung der E_i wählen, deren Entropie bei gegebenem Mittelwert maximal ist. [69] Dies führt in der bekannten Weise zu $p_i \sim e^{-\beta E_i}$ mit geeignetem, durch den Mittelwert festgelegtem β. Durch diese Konstruktion ist natürlich keineswegs gesichert, daß die E_i beim Wiederholen des Experiments mit der entsprechenden Häufigkeit in der Bedingung auftreten, was aber eine Voraussetzung dafür ist, daß das mit den p_i gemittelte W-Maß geeignet die Häufigkeiten für die Alternativen in der Entscheidung liefert. Diese Abweichung wird besonders groß, wenn irgendwelche E_i aus Gründen, die man nicht kennt, besonders häufig auftreten. Die so beschriebene Anwendung des Prinzips der maximalen Entropie führt zu einer Gleichverteilung der E_i, wenn man die Nebenbedingung, daß der Mittelwert vorgeschrieben ist, nicht berücksichtigt. Diese Gleichverteilung der E_i ist i.a. keine Wahrscheinlichkeitsverteilung und wird als relatives statistisches Gewicht der E_i interpretiert und auch *a-priori-Wahrscheinlichkeit* genannt (vgl. auch S. 63). Man kann das Prinzip der maximalen Entropie aber auch verwenden, wenn diese a-priori-Wahrscheinlichkeit nicht die Gleichverteilung ist. Es ist aber zu beachten, daß das mit dem Prinzip der maximalen Entropie erhaltene, überprüfbare Wahrscheinlichkeitsmaß von der Wahl dieser a-priori-Wahrscheinlichkeit abhängt. Hierfür dient ein geeignetes Maß für das Meßgerät in der Bedingung. Da hier nicht die gesamte statistische Mechanik behandelt werden kann, sei ohne Erläuterung erwähnt, daß man als a-priori-Wahrscheinlichkeit in der klassischen Mechanik bis auf einen konstanten Faktor das Lebesgue-Maß des Phasenraums und in der Quantenmechanik die Dimension des Unterraums verwendet, der zu einer Alternative (Projektionsoperator) gehört, wobei kontinuierliche Teile des Spektrums mit geeigneten Modellen diskretisiert werden. Genaugenommen ist dieses Diskretisieren nicht nötig, wenn man irgendein anderes Verfahren hätte, um die Dichte des Kontinuums im Verhältnis zum diskreten Teil des Spektrums geeignet festzulegen. Mit den hier gebrachten Ausführungen liegt folgendes Verfahren nahe, das sowohl die klassische, als auch die quantenmechanische Methode als Spezialfälle enthält. Wir nehmen an, daß das natürliche Maß für die Alternativen in der Bedingung so gewählt wurde, daß es die hier definierte a-priori-Wahrscheinlichkeit ist.

Zu beachten ist, daß eigentlich erst der Vergleich der festgestellten Häufigkeiten mit dem so bestimmten W-Maß diese a-priori-Wahrscheinlichkeit festlegen kann. Die Unkenntnis beim Auftreten der verschiedenen Alternativen in der Bedingung besteht dann bei den $p_j = \lambda_j \mu_G (A^j_{p-1})$ in den Werten λ_j. Da nur die λ_j die Unkenntnis über das Vorliegen der Alternativen angeben, sind also zur Berechnung der Entropie die $-\ln\lambda_j$ zu mitteln:

$$S_B = -\sum_j \lambda_j \mu_G (A^j_{p-1}) \ln\lambda_j.$$

Wählt man z. B. $A^j_{p-1} = E_j$, erhält man durch Variation von S_B mit

$$\sum_j \lambda_j \mu_G (E_j) = 1, \quad \overline{E} = \sum_j \lambda_j \mu_G (E_j) E_j$$

in der bekannten Weise die Beziehung

$$\lambda_j \sim e^{-\beta E_j},$$

also $p_j \sim \mu_G (E_j) e^{-\beta E_j}$. Verwendet man anstelle des Maßes $\mu_G (E_j)$ dieses neue W-Maß mit einem beliebigen β, erhält man bei entsprechender Rechnung zu vorgeschriebenem Mittelwert das gleiche W-Maß wie bei Verwendung des ursprünglichen Maßes μ_G.

Es sei noch kurz erwähnt, daß das vorne genannte Modell der Quantenmechanik zur Berechnung von $\mu_G (E_j)$ noch um ein wichtiges Prinzip vermehrt werden muß. Man benötigt das Pauli-Prinzip, um die Dimension der Unterrräume noch geeignet zu verkleinern (Fermionen, Bosonen). Nach den hier gebrachten Überlegungen ist wiederum keineswegs klar, daß die a-priori-Wahrscheinlichkeit unbedingt die Dimension der Unterräume sein muß und nicht eventuell ein anderes Maß, das die gleichen Nullmengen hat. In dieser Hinsicht kann man das Berechnen von Zustandssummen als Test betrachten, bei dem sowohl das Modell der a-priori-Wahrscheinlichkeit als auch das Korrespondenzprinzip bzw. ein anderes Prinzip, mit dem man

die Operatoren gewinnt, geprüft wird. Daß diese Modelle eventuell
Schwierigkeiten machen, ist schon beim Wasserstoffatom bekannt:
Da die statistischen Gewichte bei den diskreten Energieniveaus eines
Wasserstoffatoms divergieren, statt beim Häufungspunkt geeignet
zu verschwinden, divergiert bekanntlich die Zustandssumme des
idealen Wasserstoffsystems. Weil nach den durchgeführten Betrachtungen punktförmige, sich häufende Ereignisse sowieso nicht unterscheidbar sind, sollte es möglich sein, die diskreten Maße in der Umgebung des Häufungspunkts so durch ein kontinuierliches Maß zu
ersetzen, daß es sich stetig an das Maß des Kontinuums anschließt.
Man nennt dies die Erniedrigung der Ionisationsenergie. In der hier
gewählten Sprechweise handelt es sich einfach um eine geeignete
Veränderung des Maßes für die a-priori-Wahrscheinlichkeit. Man

kann die mit den w_i des Dichteoperators $\rho = \sum\limits_{i} w_i P_{\varphi_i}$ gebildete

Entropie $- \sum\limits_{i} w_i \ln w_i$ — sie ist ein Spezialfall der angegebenen

Entropie S_B — als „Entropie in der Bedingung" betrachten, die von
der im Kapitel 8 behandelten zu unterscheiden ist. Mit den hier gebrachten Begriffen handelt es sich bei der statistischen Mechanik vor
allem um eine Statistik für die Alternativen in der Bedingung, also
um Probleme der a-priori-Wahrscheinlichkeit. Häufig wird aber gerade dies als besonders typisch für quantenmechanische Phänomene
betrachtet, da ein wesentlicher Teil der quantenmechanischen Rech-
nungen der Bestimmung der a-priori-Wahrscheinlichkeit dient.[70]
Hier reicht es, den Dichteoperator als Mittel zu betrachten, um die
Übergangswahrscheinlichkeiten der linearen Paare durch Mitteln
besser anzupassen.

Da die Ortsmessung eine grundlegende Messung zur Beschreibung
praktisch aller physikalischer Experimente ist, soll das Modell des
linearen Paares bei der Ortsmessung behandelt werden. Dazu muß
zuerst im Sinn dieser Arbeitshypothesen festgelegt werden, was
eine Ortsmessung ist. Da man bei den meisten allgemeinen Überlegungen der vorigen Abschnitte bei „Messung" an eine Ortsmessung
denken konnte, insbesondere bei den Argumenten, die zur Verwendung der σ-Algebra der L-meßbaren Mengen führt, liegt es nahe,

eine Ortsmessung in der folgenden Weise als Entscheidung über μ_L-Mengen positiven Maße zu betrachten:

(AH 13) Für die Klasse der gleichwertigen Ortsmeßgeräte ist die in (AH 10) genannte Menge M leer. Die Menge G ist der R^3 und die Ereignisse sind die L-meßbaren Teilmengen. Eine Ortsmessung stellt also eine Teilmenge des R^3 mit positivem μ_L-Maß fest.

Um umständliche Beschreibungen zu vermeiden, soll angenommen werden, daß bekannt ist, wie Ortsmessungen bei einem wenig ausgedehnten Körper (Massenpunkt), mehreren Körpern usw. durchgeführt werden. Als allgemeine Erfahrung soll besonders betont werden: Eine Ortsmessung geschieht immer durch eine Wechselwirkung des Körpers mit einem anderen physikalischen System (Licht, Spaltanordnung usw.). Wenn man die festgestellten Ereignisse verkleinern will, muß man das Auflösungsvermögen vergrößern. Eine Vergrößerung des Auflösungsvermögens ist nach den bekannten Betrachtungen in der Quantentheorie [71]) damit verbunden, daß die Wechselwirkung des Meßsystems mit dem Körper erhöht wird.

Wenn man zwei Ortsmessungen in einem definierten Zeitintervall macht, also die beiden Teilmengen $A_{p-1}(t_1)$ und $A_p(t_2)$ des R^3 feststellt, kann man alle möglichen Differenzen der Ortstripel aus $A_p(t_2)$ und $A_{p-1}(t_1)$ durch das Zeitintervall dividieren. Wir nennen diese Menge D_p der Tripel der Differenzenquotienten eine Geschwindigkeitsmessung. Man erkennt, daß man mit D_p und einer der Mengen A_{p-1} bzw. A_p eine die fehlende Menge umfassende Menge zurückerhalten kann:

(V 6)   Gewisse *zweimalige* Ortsmessungen kann man auch betrachten als *eine* Orts- und *eine* Geschwindigkeitsmessung und umgekehrt.

Wenn man zweimalige Ortsmessungen durchführt, ist im allgemeinen nicht zu erwarten, daß die Alternative A_{p-1} der ersten Ortsmessung die Alternativen A_p^j der zweiten Ortsmessung festlegt, wenn man nicht weiß, was mit dem Körper vor der ersten Ortsmessung geschehen ist, wie er also präpariert wurde. Hier kann man auch an das Experiment mit dem Elektronenstrahl denken: Wenn man nichts darüber weiß, wie die Elektronen auf den Spalt (erste Ortsmessung)

treffen, wird man wenig Hoffnung haben, eine Wahrscheinlichkeitsverteilung für die Registriereinrichtung (zweite Ortsmessung) durch
die erste Ortsmessung zu erhalten. Die „Präparation" des Körpers
kann in der hier gebrachten Sprechweise auch dadurch geschehen,
daß noch vor der Ortsmessung $I_{A_{p-1}}$ eine Ortsmessung durchgeführt wird. Um den Anschluß an die üblichen Darstellungen zu erhalten, soll dieses Paar von Ortsmessungen in der Bedingung nach
(V 6) als Geschwindigkeits- und Ortsmessung interpretiert werden, wobei die Geschwindigkeitsmessung als Präparation, also als
Alternative A_{p-2} betrachtet wird und die Ortsmessung als Alternative A_{p-1}. Mit der Alternative A_{p-1} betrachten wir dann die
Ortsmessung in der Entscheidung als Geschwindigkeitsmessung.[72]
Nun gibt es einen Zusammenhang, der ausführlich bei der Heisenbergschen Unschärferelation diskutiert wird: Das Verkleinern der
Alternativen A_{p-1} in der Bedingung beeinflußt in charakteristischer
Weise die Geschwindigkeitsmessungen in der Entscheidung. Insbesondere ist es ausgeschlossen, durch geeignete Verkleinerung der
Alternativen in der Bedingung die Breite der Verteilung für die Geschwindigkeitsmessungen in der Entscheidung beliebig zu verkleinern (Beugung von Materiestrahlen). Wenn man den Geschwindig-
keitsmittelwert für die Alternative A_{p-2} mit v_0 bezeichnet, erhält
man die Übergangswahrscheinlichkeit

$$q([x_1, x_2[; I_{A_p}(v)) = \int I_{A_p}(v) \, \frac{a(x_2 - x_1)}{2\pi} \left[\frac{\sin \frac{a(v-v_0)(x_2-x_1)}{2}}{\frac{a(v-v_0)(x_2-x_1)}{2}} \right]^2 d\mu_L(v)$$

Hier wurde der Einfachheit halber nur eine Ortsvariable verwendet,
der Fall mehrerer Variablen ist analog.

Eine solche Beschreibung eines Experiments läßt sich natürlich
nicht theoretisch angeben, sondern ist eine Frage des experimentell gefundenen Häufigkeiten. Wenn man die Intervalle nicht zu
groß macht, gilt diese Formel als gute Näherung für die Beugung
von Materieteilchen, wenn man $a = \frac{m}{\hbar}$ setzt, wobei $\hbar = \frac{h}{2\pi}$ das Wir-
kungsquantum und m die Masse der gebeugten Teilchen ist. Je
kleiner die Masse m ist, desto breiter wird die Verteilung. Wenn

man in der üblichen Weise das erste Minimum wählt, um die Breite anzugeben, erhält man mit $\Delta x = x_2 - x_1$ für das entsprechende Δv

$$\pi = \frac{a\Delta v\Delta x}{2} = \frac{m}{\hbar}\,\frac{\Delta v\Delta x}{2}$$

bzw.

$$m\,\Delta v\,\Delta x = h.$$

Dies ist die bekannte Heisenbergsche Unschärferelation für die Orts- und Geschwindigkeitsmessung bei einem Teilchen der Masse m.[73])

Die angegebene Übergangswahrscheinlichkeit kann man mit dem Modell des $(L^2\text{-})$ linearen Paars beschreiben, indem man setzt

$$\psi_{A_{p-1}} = U(I_{A_{p-1}}(x)) = \sqrt{\frac{a}{2\pi}} \int e^{-ia(v-v_0)x}\, I_{A_{p-1}}(x)\, d\mu_L(x)$$

bzw.

$$\psi_{[x_1, x_2[}(v) = U(I_{[x_1, x_2[}) =$$

$$= \sqrt{\frac{m}{h}}\,(x_2 - x_1)\, e^{-im\frac{(v-v_0)(x_2+x_1)}{2\hbar}} \sin\frac{\frac{m(v-v_0)(x_2-x_1)}{2\hbar}}{\frac{m(v-v_0)(x_2-x_1)}{2\hbar}}$$

$$= \sqrt{\frac{m}{h}}\,(x_2 - x_1)\, e^{-i\pi\frac{m(v-v_0)(x_2+x_1)}{h}} \sin\pi\frac{\frac{m(v-v_0)(x_2-x_1)}{h}}{\pi\frac{m(v-v_0)(x_2-x_1)}{h}}.$$

Diese lineare Abbildung U ist unitär, wenn man für die v-Variable ebenfalls das L-Maß verwendet. Setzt man dies in der Formel für die Übergangswahrscheinlichkeit des $(L^2\text{-})$linearen Paars ein, erhält man die vorne angegebene Formel.[74])

Es soll hier kurz gezeigt werden, wie man im Rahmen der üblichen Darstellungen der Quantentheorie die Abbildung U erhalten kann. Die Ortsmessungen werden durch die μ_L-quadratintegrablen Funktionen des Ortsraums beschrieben. Der Ortsoperator ist der Multiplikator mit der Spektralschar

$$E_\lambda = \Theta(\lambda - x),$$

wobei $\Theta(x)$ die bekannte linksseitig stetige Heavisidesche Funktion ist, es ist also $\Theta(\lambda - x)$ die Indikatorfunktion des Intervalls $[-\infty, \lambda[$. Die Geschwindigkeitsmessung wird beschrieben durch den Differentialoperator $\frac{1}{m} \frac{\hbar}{i} \frac{d}{dx}$, dessen Spektralschar gegeben ist durch

$$F_\lambda \psi(x) = \sqrt{\frac{m}{h}} \int\limits_{-\infty}^{\lambda} e^{i \frac{mv'x}{\hbar}} \left[\sqrt{\frac{m}{h}} \int\limits_{-\infty}^{\infty} e^{-i \frac{mv'x'}{\hbar}} \psi(x') \, d\mu_L(x') \right] d\mu_L(v').$$

Die in den eckigen Klammern stehende Integration ist die Abbildung U, wenn man setzt

$$\psi(x') = e^{i \frac{mv_0 x'}{\hbar}} \, I_{[x_1, x_2[}(x') \, .$$

Man nennt die in den eckigen Klammern stehende Abbildung einen „Darstellungswechsel" für die Operatoren, da für die Funktionen $\varphi(v) = U(\psi(x))$ der Operator der Geschwindigkeitsmessung zum Multiplikator und der Operator für die Ortsmessung zum Differentialoperator wird. Es sind also die Abbildungen des Darstellungswechsels bis auf den durch die Präparation hinzugekommenen Term

$e^{i \frac{mv_0 x}{\hbar}}$ die gesuchten linearen Abbildungen zwischen den natürlichen Hilberträumen der Meßgeräte:

(AH 14) Die linearen Abbildungen des „Darstellungswechsels" der üblichen Quantentheorie sind die Abbildungen U der in (AH 12) genannten linearen Paare, wobei noch die Präparation des Systems berücksichtigt werden muß.

Die Berechnung dieser Abbildungen aus theoretischen Modellvorstellungen ist neben der Bestimmung der Spektraldarstellung, die die natürliche σ-Algebra und das natürliche Maß μ_G liefert, ein wesentliches Problem bei der Beschreibung physikalischer Beziehungen.

Die heute übliche „unkorrekte" Behandlung des Eigenwertproblems nach *P. A. M. Dirac*[75]) kann man als direkte Methode zur Bestimmung dieser Abbildung U betrachten: Wenn ein Zusammenhang einer Messung, die durch den Operator A beschrieben wird, mit

der Ortsmessung gesucht wird, muß man den Operator A in der
Ortsdarstellung kennen. Die möglichen Eigenwerte a des Operators
A liefern den natürlichen Hilbertraum des Meßgeräts A. In diesem
Raum ist der Operator A immer der Multiplikator. Wenn man die
Abbildung U kennt, gilt also

$$U\,A\,U^{-1}\,\varphi(a) = a\varphi(a),$$

bzw. mit $U^{-1}\,\varphi(a) = \psi(x)$

$$U\,A\psi(x) = a\,U\,\psi(x).$$

Schreibt man U als Integraloperator

$$\varphi(a) = U(\psi(x)) = \int u(a, x)\,\psi(x)\,d\mu(x),$$

erhält man für beliebige $\psi(x)$ aus dem Definitionsbereich von A

$$\int u(a, x)\,A(\psi(x))\,d\mu(x) = a \int u(a, x)\,\psi(x)\,d\mu(x).$$

Definiert man mit

$$\int u(a, x)\,A(\psi(x))\,d\mu(x) = \int (A^{+}u(a, x))\,\psi(x)\,d\mu(x)$$

einen Operator A^{+} [76]), erhält man

$$\int (A^{+}u(a, x))\,\psi(x)\,d\mu(x) = a \int u(a, x)\,\psi(x)\,d\mu(x).$$

Da diese Gleichung für beliebige $\psi(x) = I_A(x)$ gelten soll, die den
gesamten Raum aufspannen, kann man schreiben

$$A^{+}u(a, x) = a\,u(a, x).$$

Dies ist die Form der heute üblichen „Diracschen" Eigenwertgleichung. Bei dieser Eigenwertgleichung müssen die „Eigenvektoren"
als Integralkern einer linearen Abbildung U aufgefaßt werden. Diese
Funktionen müssen nicht Elemente der natürlichen Hilberträume sein.
Es gibt also keine Probleme mit „uneigentlichen" Eigenvektoren. Sie
treten erst auf, wenn man mit U beide Integrationsräume identifiziert hat und das Eigenwertproblem in diesem Hilbertraum formuliert.

Wenn Entartung von Eigenwerten vorliegt, ist U bei diesem Verfahren mehrdeutig, was sich am einfachsten vermeiden läßt, indem man

sich die entarteten Eigenwerte als Modell für sehr eng benachbarte verschiedene Eigenwerte vorstellt. Die Möglichkeit, die Abbildung U als Integraloperator zu beschreiben, kann man das „Superpositionsprinzip" der Quantenmechanik nennen. Für allgemeine lineare Paare ist der Integralkern als Dichte bezüglich des natürlichen Maßes μ_G zu betrachten. Es ist nach diesen Ausführungen klar, wie man die lineare Abbildung U für andere lineare Paare aus den Modellen der üblichen Quantentheorie erhalten kann. Das Superpositionsprinzip ist deshalb so typisch für die Quantenmechanik, weil die Abbildungen U bei der klassischen Betrachtungsweise so einfach gewählt werden können, daß man gar kein Superpositionsprinzip braucht. Die Abbildung U läßt sich nämlich in der klassischen Mechanik noch einfacher als mit Integraloperatoren angeben.

Mit der angegebenen Formel für die Übergangswahrscheinlichkeit kann man den Übergang zur klassischen Mechanik erläutern, wenn man zum Grenzfall großer Massen übergeht. Setzt man $m = n\,m_0$ und bildet den Limes $n \to \infty$, erhält man wegen

$$\lim_{n \to \infty} \frac{1}{\pi} \frac{\sin^2 nz}{nz^2} = \delta(z)$$

eine δ-Verteilung [77] für die Übergangswahrscheinlichkeit:

$$\int I_{A_p}(v)\, \frac{m_0(x_2 - x_1)}{2\hbar}\, \delta\left(\frac{m_0(x_2 - x_1)}{2\hbar}\,(v - v_0)\right)\, d\mu_L(v)$$

Diese Verteilung ist als Idealisierung für schmale v_0-Verteilungen gemeint. Wenn man mit einem $g(v_0)$ (mit $\int g(v_0)\, d\mu_L(v_0) = 1$) die Übergangswahrscheinlichkeiten mittelt, erhält man ein Beispiel für das in (AH 12) beschriebene statistische Gemisch linearer Paare. Man erkennt hier deutlich, daß man schon bei der Übergangswahrscheinlichkeit der S. 95 mit einem allgemeinen Dichteoperator rechnen müßte und daß das lineare Paar als idealisierender Grenzfall zu betrachten ist. [78]

Wenn man bei der ursprünglichen Verteilung die Verbreiterung auf die Wechselwirkung des Ortsmeßgeräts mit dem physikalischen System zurückführt, die bei den hier zugelassenen Ortsmessungen immer vorhanden ist, kann man den klassischen Grenzfall auch betrachten als Idealisierung eines Experiments, bei dem das Feststellen

der Alternativen in der Bedingung keine Verbreiterung der Verteilung für die Alternativen in der Entscheidung verursacht, also der
„Eingriff" auf das physikalische System durch das Entscheiden der
Alternativen in der Bedingung zu vernachlässigen ist. Dies führt bei
dem obigen Beispiel dazu, daß zu einem v_0 im Grenzfall nur das
gleich v_0 in der Entscheidung festgestellt wird. Hier ist noch keine
Zeitabhängigkeit der Übergangswahrscheinlichkeit berücksichtigt.
Die Abbildung der Ereignisse geschieht also durch eine Abbildung
der Ereigniselemente. Allgemein faßt man die Orts- und Geschwindigkeitsmessung in der Bedingung bzw. Entscheidung deshalb jeweils zu einer Alternative zusammen und verwendet das entsprechende höherdimensionale Lebesgue-Maß. Man untersucht die Zeitabhängigkeit der Übergangswahrscheinlichkeit mit der idealisierenden
Vorstellung, daß der Eingriff auf das physikalische System durch
das Entscheiden der Alternativen in der Bedingung zu vernachlässigen ist. Es handelt sich hier um den Spezialfall der folgenden etwas
allgemeineren Situation: Wenn das Bild einer meßbaren Menge
A_{p-1} von Ω_{p-1} wieder eine meßbare Menge $h(A_{p-1})$ von Ω_p ist,
kann man mit dieser Abbildung h für die meßbaren Indikatorfunk-
tionen durch

$$U(I_A) = I_{h(A)}$$

eine lineare Abbildung U definieren,[79] wenn für disjunkte meßbare
A und B immer auch h(A) und h(B) meßbar und disjunkt sind.
Die letzte Bedingung ist für die Linearität von U notwendig. Man
kann solche linearen Paare kausal nennen. Diese Eigenschaft ist für
die linearen Paare der klassischen Mechanik typisch. Als Unterschied
der klassischen Mechanik zur Quantenmechanik erhält man also,
daß die lineare Abbildung U in der klassischen Mechanik die spezielle Form

$$U(I_{A_{p-1}}) = I_{h(A_{p-1})}$$

hat, während in der Quantenmechanik in guter Näherung gilt

$$U(I_{A_{p-1}}) = \sum_j \alpha^j I_{A_p^j}$$

mit verschiedenen α^j und paarweise disjunkten A_p^j. Der Unterschied besteht auch darin, daß die erste Abbildung von Ereignissen häufig sogar mit einer Abbildung von Ereigniselementen definiert werden kann, während in der Quantenmechanik allgemeinere Abbildungen von Ereignissen zugelassen werden, die nicht auf Abbildungen von Ereigniselementen zurückgeführt werden können. Diese Abbildungen der Ereignisklassen sind mit der linearen Struktur (Vektorraumstruktur) der zugehörigen Banachräume (Hilberträume) verträglich.

Für die speziellen Abbildungen

$$U(I_{A_{p-1}}) = I_{h(A_{p-1})}$$

hat die Übergangswahrscheinlichkeit des linearen Paars *keinen* Interferenzterm und *alle* L^f-linearen Paare liefern das *gleiche* W-Maß: Nach Voraussetzung über die Abbildung h sind $h(A_{p-1}^1)$ und $h(A_{p-1}^2)$ paarweise disjunkt, wenn A_{p-1}^1 und A_{p-1}^2 disjunkt sind. Mit

$$I_{h(A_{p-1}^1)}\, P_{A_p}\, I_{h(A_{p-1}^2)} = I_{A_p \,\cap\, h(A_{p-1}^1)\,\cap\,h(A_{p-1}^2)} = I_\emptyset = 0$$

gilt deshalb

$$(U(I_{A_{p-1}^1}), P_{A_p} U(I_{A_{p-1}^2})) = 0.$$

Also ist der Interferenzterm gleich Null. Das W-Maß für die L^f-linearen Paare lautet

$$q(A_{p-1}; A_p) = \frac{\mu^f_{U(I_{A_{p-1}})}(A_p)}{\mu^f_{U(I_{A_{p-1}})}(\Omega_p)} = \frac{\int f(|P_{A_p}U(I_{A_{p-1}})|)\,d\mu_{G_p}}{\int f(|U(I_{A_{p-1}})|)\,d\mu_{G_p}}$$

$$= \frac{\int f(I_{A_p}I_{h(A_{p-1})})\,d\mu_{G_p}}{\int f(I_{h(A_{p-1})})\,d\mu_{G_p}} = \frac{\int f(I_{A_p \,\cap\, h(A_{p-1})})\,d\mu_{G_p}}{\int f(I_{h(A_{p-1})})\,d\mu_{G_p}}$$

$$= \frac{\mu_{G_p}(A_p \cap h(A_{p-1}))}{\mu_{G_p}(h(A_{p-1}))}.$$

Hiermit ist gleichzeitig gezeigt, daß die Übergangswahrscheinlichkeit für kausale lineare Paare die übliche Form des Relativmaßes hat. Die Abhängigkeit von der Funktion f, also insbesondere von $f(x) = x^2$ ist also typisch für die Übergangswahrscheinlichkeiten der Quantenmechanik.

14. Skalenwechsel und lineare Gruppenstrukturen in Maßmannigfaltigkeiten

Bei der angegebenen Formel für die Übergangswahrscheinlichkeit der Orts- und Geschwindigkeitsmessungen wurde stillschweigend vorausgesetzt, daß die Skalen der Ortsmeßgeräte in bestimmter Weise geeicht sind. Es ist sofort klar, daß man bei einem Skalenwechsel eine wesentlich andere Funktion für die Wahrscheinlichkeitsdichte erhalten kann. Die besondere Gestalt der Übergangswahrscheinlichkeit hat ermöglicht, daß man für das lineare Paar der Orts- und Geschwindigkeitsmessungen als Abbildung U die Fouriertransformation verwenden kann. Auch diese besonders einfache Form bleibt bei einem beliebigen Skalenwechsel nicht erhalten, besonders wenn man auch den höherdimensionalen Fall berücksichtigt. Dagegen erkennt man, daß die Formel für die Übergangswahrscheinlichkeit sich nicht verändert, wenn man x ersetzt durch x + a. Dies bedeutet anschaulich, daß die Skaleneichung der Ortsmessung so durchgeführt wird, daß ein durch **a** beschriebener Transport des Präparierteils nicht die Übergangswahrscheinlichkeit verändert. Dies ist das Modell des *homogenen leeren* Raums. Wenn das Modell nicht zutrifft, wird der Raum als nicht leer bezeichnet.

Der Zusammenhang der Verschiebungen und der Geschwindigkeitsmessung wird besonders deutlich, wenn man den Projektionsoperator der Geschwindigkeitsmessung mit den Projektionsoperatoren der Spektraldarstellung für die Gruppe der Verschiebungen vergleicht. Mit der Umformung der S. 62 erhält man den Projektionsoperator für die Geschwindigkeitsmessung:

$$P_{[v_1, v_2]}\, \psi(x) = U^{-1} I_{[v_1, v_2]} U \psi(x)$$

$$= \frac{m}{h} \int I_{[v_1, v_2]}(v)\, e^{i \frac{m(v - v_0)(x - x')}{\hbar}}\, d\mu_L(v)\, \psi(x')\, d\mu_L(x').$$

Die durch

$$U_a \psi(x) = \psi(x + a)$$

definierte Abbildung ist für alle reellen a (bzw. reellen Zahlentripel)
eine Schar von linearen unitären Transformationen des natürlichen
Hilbertraums in sich. Es gilt

$$U_a U_b = U_b U_a = U_{a+b}, \quad U_0 = I.$$

Es ist also U_a eine einparametrige lineare Gruppe unitärer Operatoren. Nach dem Satz von *M. H. Stone*[80]) besitzt eine solche Gruppe
eine Spektraldarstellung der Form

$$(\psi, U_a \varphi) = \int e^{ia\lambda} \, d_\lambda(\psi, E_\lambda \varphi).$$

Mit einer heuristischen Betrachtung, die auch die anschaulich
wichtige Grundlage für den Beweis des Satzes von *S. Bochner*
liefert, kann man erkennen, welche Form die Projektionsoperatoren
der Spektralschar haben.

Die Bestimmung der Spektralschar einer einparametrigen Gruppe
unitärer Operatoren kann man in der gleichen Weise durchführen
wie das auf der S. 98 behandelte Eigenwertproblem. Wir nehmen
an, wir hätten die Spektralschar der unitären Gruppe, dann kann
man wie in Kapitel 10 hierfür den natürlichen Hilbertraum definieren. Mit einer linearen Abbildung U des ursprünglichen Hilbertraums auf diesen natürlichen Hilbertraum kann man die Gruppe ab-
bilden auf die Gruppe $\widetilde{U}_a = U \, U_a U^{-1}$. Sind $\varphi(\lambda)$ und $\psi(\lambda)$ Elemente des natürlichen Hilbertraums, muß gelten

$$(\varphi, \widetilde{U}_a \psi) = \int e^{i\lambda a} \overline{\varphi}(\lambda) \, \psi(\lambda) \, d\mu_G(\lambda).$$

In dem natürlichen Hilbertraum gilt also für die lineare Gruppe

$$\widetilde{U}_a \, \psi(\lambda) = e^{i\lambda a} \, \psi(\lambda).$$

Nimmt man an, daß sich die lineare Abbildung U von dem ursprünglichen Hilbertraum in den natürlichen Hilbertraum als Integraltransformation schreiben läßt, erhält man aus

$$U \, U_a U^{-1} \, \varphi(\lambda) = e^{i\lambda a} \, \varphi(\lambda)$$

und

$$\int u(\lambda, x) \, (U_a \, \psi(x)) \, d\mu_L(x) = e^{i\lambda a} \int u(\lambda, x) \, \psi(x) \, d\mu_L(x)$$

die Beziehung

$$U_a^+ u(\lambda, x) = e^{i\lambda a}\, u(\lambda, x).$$

Es ist $\psi(x)$ ein Element des ursprünglichen Hilbertraums. Setzt man $U_a \psi(x) = \psi(x + a)$ ein , erhält man

$$\int u(\lambda, x)\, \psi(x + a)\, d\mu_L(x) = \int u(\lambda, x' - a)\, \psi(x')\, d\mu_L(x')\,,$$

weil bei der Verschiebung um a sich das Maß μ_L nicht ändert. Hieraus folgt für den Integralkern

$$u(\lambda, x - a) = e^{i\lambda a}\, u(\lambda, x),$$

woraus man erhält

$$u(\lambda, x) \sim e^{-i\lambda x}.$$

Wegen der Gruppeneigenschaft ergibt sich deshalb für die inverse Transformation

$$u^{-1}(x, \lambda) \sim e^{i\lambda x}.$$

Wenn das Bild einer endlichen Indikatorfunktion $I_{[\lambda_1, \lambda_2]}^{(\lambda)}$ Element des ursprünglichen Hilbertraums sein soll, muß

$$h(x) = \int I_{[\lambda_1, \lambda_2]}(\lambda)\, e^{i\lambda x}\, d\mu_L(\lambda)$$

$$= (\lambda_2 - \lambda_1)\, e^{\,i\,\frac{\lambda_1 + \lambda_2}{2}\, x}\; \frac{\sin \frac{\lambda_2 - \lambda_1}{2}\, x}{\frac{\lambda_2 - \lambda_1}{2}\, x}$$

quadratintegrabel sein:

$$\int |h(x)|^2\, d\mu_L(x) = 4 \int \left| \frac{\sin \frac{\lambda_2 - \lambda_1}{2}\, x}{x} \right|^2 d\mu_L(x)$$

$$= 2(\lambda_2 - \lambda_1) \int \left| \frac{\sin x}{x} \right|^2 d\mu_L(x) = 2\pi(\lambda_2 - \lambda_1).$$

Deshalb ist die Abbildung U unitär, wenn man setzt

$$U\psi = \frac{1}{\sqrt{2\pi}} \int e^{-i\lambda x}\, \psi(x)\, d\mu_L(x).$$

Da der Projektionsoperator $P_{[\lambda_1, \lambda_2]}$ lautet $U^{-1} I_{[\lambda_1, \lambda_2]} U$, erhält man [81]

$$P_{[\lambda_1; \lambda_2]} \psi(x) = \frac{1}{2\pi} \int h(x - x') \, \psi(x') \, d\mu_L(x')$$

$$= \frac{1}{2\pi} \int I_{[\lambda_1, \lambda_2]}(\lambda) e^{i\lambda(x - x')} \psi(x') \, d\mu_L(\lambda) \, d\mu_L(x').$$

Dies ist bis auf die unwesentliche Verschiebung mit v_0 die Form des Projektionsoperators für die Geschwindigkeitsmessung, wenn man $\lambda = \frac{mv}{\hbar}$ setzt. [82]

Man kann das Modell des linearen Paars der Orts- und Geschwindigkeitsmessung deshalb auch in der folgenden Weise interpretieren: Um die Abbildung U für das lineare Paar der Orts- und Geschwindigkeitsmessung zu erhalten, reicht es nach der Formel der S. 62, den Projektionsoperator für die Geschwindigkeitsintervalle zu kennen. Da die Geschwindigkeiten als Differenzen der Ortskoordinaten betrachtet werden können, ändert sich die Geschwindigkeit nicht, wenn man zu allen Ortswerten die gleiche Zahl (das gleiche Zahlentripel) addiert. Das Verschieben der Argumentwerte der Funktion ψ sollte also das Wahrscheinlichkeitsmaß für die Geschwindigkeitsereignisse nicht verändern. Das heißt, daß für beliebige ψ und Intervalle $[v_1, v_2]$ gelten sollte

$$(U_a \psi, P_{[v_1, v_2]} U_a \psi) = (\psi, P_{[v_1, v_2]} \psi).$$

Da der Verschiebungsoperator U_a unitär ist, ist dies gleichwertig mit

$$(\psi, U_a^{-1} P_{[v_1, v_2]} U_a \psi) = (\psi, P_{[v_1, v_2]} \psi).$$

Dies gilt für alle Elemente des Vektorraums. Deshalb ist diese Beziehung nach den Umformungen der Anm. 40 gleichwertig mit

$$(\varphi, U_a^{-1} P_{[v_1, v_2]} U_a \psi) = (\varphi, P_{[v_1, v_2]} \psi)$$

für beliebige φ, ψ des Vektorraums. Dies ist wiederum gleichwertig mit

$$P_{[v_1, v_2]} U_a \psi = U_a P_{[v_1, v_2]} \psi.$$

Es liegt also nahe, für die Geschwindigkeitsmessungen Projektionsoperatoren zu verwenden, die mit den Verschiebungsoperatoren U_a vertauschen. Solche Projektionsoperatoren sind zum Beispiel die Schar der Projektionsoperatoren der Spektraldarstellung der Gruppe U_a. Diese Betrachtungsweise hat den Vorteil, daß sie auch in gewissen diskreten Mannigfaltigkeiten verwendet werden kann. Natürlich ist zu beachten, daß eine solche theoretische „Begründung" nur den Rang einer Plausibilitätsbetrachtung hat, auch wenn das Modell ganz gut die experimentell gefundenen Häufigkeitsverteilungen liefern sollte. In dieser Hinsicht ist auch die folgende Überlegung zu sehen. Nach den Ausführungen des Kapitel 9 sollte es eigentlich mathematisch keine echten Schwierigkeiten machen, in ausreichender Näherung für die Messungen einer Ortskoordinate eine geeignete abzählbare Teilmenge des R^1, statt den gesamten R^1 heranzuziehen. Wenn man Verschiebungen in dieser Menge beschreiben will, liegt es nahe, die Menge als additive Untergruppe der reellen Zahlen zu wählen. Dann ist diese additive Gruppe wie im kontinuierlichen Fall wieder identisch mit der zugehörigen Gruppe der Verschiebungen. Da für eine solche abzählbare Menge das L-Maß Null ist, wird man das σ-endliche Maß μ_{AP} verwenden, da es sich wie das L-Maß bei Verschiebungen nicht ändert. Nach der vorne durchgeführten heuristischen Betrachtung kann man dann versuchen, ebenfalls als Projektionsoperatoren für die Geschwindigkeitsmessung die Projektionsoperatoren der Gruppe der Verschiebungen zu wählen.

Die Berechnung der Projektionsoperatoren für die Gruppe der kontinuierlichen Verschiebungen kann man für die diskreten Verschiebungen weitgehend übernehmen. Man muß nur $\mu_L(x)$ durch $\mu_{AP}(x)$ ersetzen. Bei der Betrachtung, daß $h(x)$ quadratintegrabel ist, erhält man

$$\int |h(x)|^2 \, d\mu_{AP}(x) = 4 \int \left| \frac{\sin \frac{\lambda_2 - \lambda_1}{2} x}{x} \right|^2 d\mu_{AP}(x)$$

$$= 4 \sum_{a_i} \left| \frac{\sin(\lambda_2 - \lambda_1) a_i}{a_i} \right|^2 .$$

Man erkennt sofort, daß dieser Ausdruck divergiert, wenn in jeder
Umgebung des Nullpunkts mehr als endlich viele a_i liegen. Die
durchgeführte Betrachtung ist also z. B. nicht verwendbar, wenn
man die additive Gruppe der rationalen Zahlen mit dem μ_{AP}-Maß
verwenden will. Gibt es eine Umgebung der Null, in der nur endlich viele a_i liegen, ist die Situation einfacher, da es dann sicher ein
kleinstes positives a_0 gibt. Aus der Gruppeneigenschaft schließt
man dann sofort, daß sich jedes Gruppenelement als ganzzahliges
Vielfaches von a_0 schreiben läßt. Damit lautet also die Abbildung U

$$U\psi(x) \sim \int e^{-i\lambda x}\,\psi(x)\,d\mu_{AP}(x) = \sum_j e^{-i\lambda a_0 j}\,\psi(a_0 j).$$

Diese Funktion hat die Periode $\frac{2\pi}{a_0}$. Deshalb kann man zur Rück-
transformation nicht das Integral über alle λ-Werte verwenden, sondern muß sich auf ein Periodizitätsintervall

$$\lambda_{min} \leqslant \lambda \leqslant \lambda_{min} + \frac{2\pi}{a_0}$$

beschränken. Die Normierung für $h(x)$ kann man aus den Formeln
für Fourierreihen erhalten. Liegen λ_1 und λ_2 im gewählten Periodizitätsintervall, gilt

$$\int |h(x)|^2\,d\mu_{AP}(x) = 4\sum_j \left| \frac{\sin(\lambda_2 - \lambda_1)\,a_0 j}{a_0 j} \right|^2 = \frac{2\pi}{a_0}\,(\lambda_2 - \lambda_1).$$

Wenn man mit $\lambda = \frac{m}{\hbar}\,v$ zur Geschwindigkeitsvariablen übergeht,
liegt es nahe, daß Periodizitätsintervall symmetrisch zum Nullpunkt zu legen

$$-\frac{\pi}{a_0} \leqslant \frac{m}{\hbar}\,v \leqslant \frac{\pi}{a_0}.$$

Weiterhin könnte man, da die Lichtgeschwindigkeit c eine natürliche Grenzgeschwindigkeit ist, a_0 so wählen, daß die Grenzen die
Lichtgeschwindigkeit sind:

$$\frac{m}{\hbar}\,c = \frac{\pi}{a_0} \quad \text{bzw.} \quad a_0 = \frac{h}{2mc}.$$

Dann ist a_0 die halbe Comptonwellenlänge. Durch die Normierung erhält man als Projektionsoperator[83)]

$$P_{[\lambda_1, \lambda_2]} \psi(x) = \frac{a_0}{2\pi} \int h(x - x') \, \psi(x') \, d\mu_{AP}(x').$$

Man erkennt, daß diese Formeln im Limes $a_0 \to 0$ gerade in die vorne angegebenen Formeln übergehen. Man kann deshalb die Verwendung des Lebesgue-Maßes als Idealisierung des Maßes für additive Gruppen mit einem kleinsten Element betrachten, wenn das kleinste Element genügend klein gewählt wird. Es ist also nicht verwunderlich, daß die Formel für die Übergangswahrscheinlichkeit für dieses Modell der ursprünglichen sehr ähnlich ist:[84)]

$$q([x_1, x_2]; [v_1, v_2]) = \frac{1}{N+1} \int_{-c}^{c} I_{[v_1, v_2]}(v) \frac{a_0 m}{2\pi\hbar} \left| \frac{\sin \frac{m}{\hbar} v a_0 \frac{N+1}{2}}{\sin \frac{m}{\hbar} v \frac{a_0}{2}} \right|^2 d\mu_L(v)$$

Es ist hier $(N + 1) a_0 \approx \Delta x$, so daß man wie im kontinuierlichen Fall für das erste Minimum erhält

$$\frac{m}{\hbar} \Delta v \frac{\Delta x}{2} \approx \pi \quad \text{bzw.} \quad m \Delta v \Delta x \approx h.$$

Das Beispiel mit dem diskreten Ortsraum hat einige bemerkenswerte Eigenschaften. Eine Funktion $\psi(x)$, die ursprünglich nur für $j a_0$ definiert ist, wird in einfacher Weise durch das Dazwischenschieben von U und U^{-1} zu einer Funktion für alle x-Werte

$$I(\psi(x')) = U^{-1} U(\psi(x')) = \frac{a_0}{2\pi} \int_{-\pi/a_0}^{\pi/a_0} e^{i\lambda x} [e^{-i\lambda x'} \psi(x') d\mu_{AP}(x')] \, d\mu_L(\lambda)$$

$$= \frac{1}{2c} \int_{-c}^{c} e^{i \frac{m}{\hbar} v(x - x')} \psi(x') \, d\mu_{AP}(x') \, dv$$

$$= P_{[-\infty, \infty]}(\psi(x')).$$

Man kann leicht nachrechnen, daß zu der oben angegebenen Spektralschar

$$P_v(\psi(x')) = \frac{1}{2c} \int_{-c}^{v} e^{i \frac{m}{\hbar} v'(x - x')} \psi(x') \, d\mu_{AP}(x') \, dv'$$

ein Operator

$$\int v \, d_v P_v$$

gehört, der für die vorne angegebenen, für alle x definierten Funktionen geschrieben werden kann als

$$\frac{i\hbar}{m} \frac{d}{dx} .$$

Damit ergeben sich für die Orts- und Geschwindigkeitsoperatoren die üblichen Vertauschungsrelationen. Da man für den harmonischen Oszillator die Differenzen für die Energieeigenwerte allein aus der algebraischen Form des Hamiltonoperators und den kanonischen Vertauschungsrelationen erhält (vgl. z. B. *H. S. Green* (1966)), stimmen also für den harmonischen Oszillator auf diskretem Ortsraum und mit endlicher maximaler Geschwindigkeit die Differenzen benachbarter Energieeigenwerte mit den bekannten Wert $\hbar\omega_0$ überein.

Es soll hier nicht diskutiert werden, wie realistisch dieses Modell ist. Insbesondere ist die Begrenzung mit der Lichtgeschwindigkeit im mehrdimensionalen Fall sicher nicht so einfach. Dieses Beispiel soll nur zeigen, wie man mit dem Modell des linearen Paares im Prinzip auch in diskreten Mannigfaltigkeiten kontinuierliche Geschwindigkeiten definieren kann. Der einfache mathematische Übergang vom diskreten zum kontinuierlichen Fall und umgekehrt ist nämlich für die hier gegebenen Ausführungen ein entscheidender Punkt, da positive Wahrscheinlichkeiten für Punkte nach Kapitel 9 nur als ein konventionelles Modell betrachtet werden sollten. Es ist bei den behandelten Beispielen bemerkenswert, daß die entscheidenden mathematischen Beziehungen beschrieben werden durch Fouriertransformationen von Indikatorfunktionen.

Schon bei diesen Beispielen wird deutlich, welche Probleme beim Arbeiten mit linearen Paaren berücksichtigt werden müssen: Die Form der Abbildung U ist entscheidend davon abhängig, welche Maße und welche natürlichen σ-Algebren für die Alternativen der Bedingung und Entscheidung verwendet werden, wobei sich bei äußerlichen sehr verschiedenen Modellvorstellungen eventuell nicht unterscheidbare Häufigkeitsverteilungen ergeben können. Eine besonders einfache Form der Abbildung U liegt nur bei bestimmten Skalen und Meßgeräten vor, auch wenn sie im Prinzip das „Gleiche" messen. Die Abbildungen der Klasse α der α-Mannigfaltigkeit müssen also sowohl die Veränderung der Maße berücksichtigen, als auch die Veränderung (Abbildung) der Abbildung U. Um z. B. bei der Orts- und Geschwindigkeitsmessung die einfache Form der Abbildung U, die Fouriertransformation, beizubehalten, muß also die Klasse α eingeschränkt werden. Wenn man noch weitere Paare — wie z. B. die Energie- und Ortsmessung hinzunimmt, gibt es eventuell noch weitere Einschränkungen. Dies hat als Konsequenz, daß z. B. das kanonische Übersetzen in der Quantenmechanik für ein mechanisches System nicht mit beliebigen klassisch gleichwertigen kanonischen Variablen möglich ist. Äußerlich kann man dies dadurch ausdrücken, daß die Heisenbergschen kanonischen Vertauschungsrelationen nicht für beliebige klassisch gleichwertige kanonische Variable gelten. Wenn man in Kauf nimmt, daß z. B. die Abbildung U nicht mehr die einfache Form der Fouriertransformation hat, ist klar, daß man auch umfangreichere Klassen von meßbaren Abbildungen zulassen kann. Dieses Umrechnen der Abbildung U für die Orts- und Geschwindigkeitsmessungen ist eventuell kompliziert, aber mit den angegebenen Gleichungen eine reine Frage der Transformation von Integrationsvariablen und Integralkernen. Den beschriebenen Zusammenhang der Geschwindigkeitsmessung mit der abelschen Gruppe der Verschiebungen der Punkte kann man auch betrachten als eine *Gruppenstruktur* auf der Maßmannigfaltigkeit für die Ortsmessungen, indem man die Punkte der Mannigfaltigkeit als Verschiebungen betrachtet. Die Formeln für die Gruppenverknüpfungen sind aber nur in bestimmten Parametersystemen dieser Gruppenmannigfaltigkeit einfach (additiv). In diesen Parametersystemen ist gerade das Lebesgue-Maß der Parameter invariant gegen die Verschiebungen der Gruppe.[85] Es sei kurz angemerkt, daß eine differenzierbare Mannigfaltigkeit, die auch eine Gruppe ist, immer parallelisierbar ist.[86] Es lassen sich nämlich auf einfache Weise durch die Gruppenverknüpfungen wegunabhängige Isomorphismen der Tangentialvektorräume der Punkte der Mannigfaltigkeit definieren. Wenn die Gruppe nicht abelsch ist, kann man durch die Links- und Rechtstranslationen auch verschiedene Isomorphismen definieren. Durch Differentiation erhält man aus diesen Isomorphismen affine Zusammenhänge.

Die schon im 8. Kapitel diskutierte Zeitabhängigkeit von Übergangswahrscheinlichkeiten kann man bei linearen Paaren durch die Zeitabhängigkeit der Abbildung U berücksichtigen. Schreibt man U_t für die Schar von Abbildungen, ist U_t im allgemeinen schon deshalb keine Gruppe von linearen Abbildungen, da bei U_t der Bildbereich mit dem Definitionsbereich nicht übereinstimmen muß. Wenn man deshalb durch

$$U_t = \widetilde{U}_{t, t_0} U_{t_0}$$

eine Schar von Operatoren $\widetilde{U}_{t, t_0}$ definiert, kann es sich um eine lineare Gruppe handeln, wenn gilt

$$\widetilde{U}_{t, t_0} = \widetilde{U}_{t - t_0}.$$

Diese lineare Gruppe von Operatoren nennt man die *dynamische Gruppe* des physikalischen Systems.

Wenn man in der klassischen Mechanik die Orts- und Geschwindigkeitsmessungen zu zwei Zeiten als lineares Paar betrachtet, wählt man $U_{t_0} = I$ als identische Abbildung. Die dynamische Gruppe $\widetilde{U}_\tau$ ist durch eine von τ abhängige Schar von Abbildungen der Form

$$\widetilde{U}_\tau (I_{A_{p-1}}) = I_{h(A_{p-1}, \tau)}$$

gegeben, wobei h sogar durch meßbare Abbildungen der Ereigniselemente definiert werden kann. Die Operatoren $\widetilde{U}_\tau$ sind unitär, wenn die Abbildung h maßtreu ist. Wann dies bei Verwendung des Lebesgue-Maßes für die Orts- und Geschwindigkeitsvariablen der Fall ist, ist der Inhalt des Satzes von *Liouville.* Diese Voraussetzung für die Unitärität von $\widetilde{U}_\tau$ ist aber nicht notwendig, da man $\widetilde{U}_\tau$ unitär machen kann, indem man für die Alternativen in der Entscheidung das zeitabhängige Maß $\mu_\tau (A_p) = \mu_L (h^{-1}(A_p, \tau))$ verwendet.[87] Man erkennt leicht, warum bei dieser besonders einfachen Form des linearen Paars die Transformationen der Parameter vergleichsweise die Abbildung $\widetilde{U}_\tau$ wenig verändern, wenn man bei der Variablentransformation darauf achtet, daß sich das Maß höchstens um einen konstanten Faktor ändert. Man wählt nämlich statt der Geschwindigkeitsvariablen die Impulsvariablen. Dieses Maß ist proportional zum ursprünglichen Maß. Wenn man den Wechsel der Ortsvariablen mit einer kanonischen Transformation durchführt, bleibt das Maß für die Orts- und Impulsvariablen zusammen erhalten, während sich das Maß für die Ortsvariablen allein stark verändern kann. In der klassischen Mechanik pflegt man die Parametertransformationen aus praktischen Gründen noch weiter einzuschränken als nur durch die Maßtreue für die Variablen des Phasenraums. Man verlangt auch noch, daß die durch die Poissonklammern gegebenen Beziehungen beim Parameterwechsel erhalten bleiben. Man spricht dann von einer symplektischen Mannigfaltigkeit, deren Klasse α dann noch weiter so eingeschränkt wird, daß die Differentialgleichungen, die die dynamische Gruppe bestimmen, eine besondere Struktur haben, nämlich die Form der kanonischen Differentialgleichungen.[88])

Bekanntlich gehört zur dynamischen Gruppe eines physikalischen Systems die Spektralschar der Energiemessungen. Wenn man die Energiemessungen über diese Spektralschar definiert, muß man berücksichtigen, daß mit $\widetilde{U}_t$ ebenfalls $e^{i\alpha t}\widetilde{U}_t$ für reelle α eine Gruppe unitärer Operatoren ist, die die gleiche Zeitabhängigkeit beschreiben und deren Spektralschar aber durch $E_{\lambda-\alpha}$ gegeben ist, wenn E_λ die Spektralschar von $\widetilde{U}_t$ ist. Damit sind also bei einer solchen Definition nur Energieänderungen festgelegt. Deshalb mißt man Energieänderungen meist durch Austausch mit einem System, dessen Energienullpunkt durch Konvention festglegt wurde, wenn man annehmen kann, daß die Energie des Gesamtsystems konstant ist. Entsprechendes gilt für die Geschwindigkeitsmessung, wenn man sie über die Gruppe der Verschiebungen definiert. Da in der klassischen Mechanik zu dieser Messung die Impulsmessung gehört, kann man auch die hier diskutierte Geschwindigkeitsmessung eine Impulsmessung nennen. Genaugenommen definiert man in der klassischen Mechanik den Impuls über die Energie als Änderung der Energie an einem festen Ort in Abhängigkeit von der Geschwindigkeit durch $dE = \sum_i p_i \, dv^i$. Aus der dynamischen Gruppe kann man dann schließen, daß für homogene Systeme der Impuls konstant ist. Wenn also die Wechselwirkung zwischen zwei Systemen homogen ist, kann man durch Messung der Geschwindigkeit an dem einen System den Impuls des anderen erhalten. In beliebigen krummlinigen erlaubten Parametersystemen ist dann die Proportionalität zwischen Geschwindigkeit und Impuls über den Metriktensor nicht sehr einfach und von den Ortsvariablen abhängig. Bei dem hier diskutierten linearen Paar tritt zwischen Geschwindigkeit und Impuls nur die Masse als Faktor auf. Da man diese Geschwindigkeitsmessung mit der linearen Gruppenstruktur der Maßmannigfaltigkeit in Zusammenhang bringen kann, könnte man sie deshalb in Analogie zur klassischen Mechanik auch eine Impulsmessung nennen.

Den Metriktensor g_{ik} verwendet man häufig auch, um ein Maß auf differenzierbaren Mannigfaltigkeiten zu definieren, das sich beim Wechsel der Parametersysteme nicht ändert, indem man die Wurzel aus dem Betrag der Determinante der g_{ik} als Lebesgue-Dichte in dem gewählten Parametersystem betrachtet. Aus den g_{ik} einer Raumzeitmannigfaltigkeit kann man entsprechend mit den p-reihigen Unterdeterminanten von g_{ik} für p-dimensionale Teilmannigfaltigkeiten p-dimensionale Lebesgue-Dichten (Bogenlänge, Volumen) definieren. Da die g_{ik} bei der Formulierung physikalischer Zusammenhänge in den Formeln zur Beschreibung der dynamischen Gruppen sowohl der klassischen Mechanik als auch der Quantenmechanik vorkommen, liegt es nahe, mit diesen speziellen Lebesgue-Dichten das natürliche Maß der σ-Algebra der Ortsmessungen zu definieren. Wenn man die g_{ik} aber aus einer von statistischen Betrachtungen vergleichsweise unabhängigen Feldtheorie gewinnt, ist nur nicht ohne weiteres klar, ob man dieses Maß auch zur Definition der gleichen a-priori-Wahrscheinlichkeit verwenden sollte. Betrachtet man die Minkowski-Mannigfaltigkeit als lineare Mannigfaltigkeit mit einem ortsunabhängigen $\tilde{g}_{ik}$-Feld, kann man eventuell die aus einer Gravitationstheorie berechneten (ortsabhängigen) g_{ik} zusätzlich verwenden.[89]) Dann hat man neben dem aus den g_{ik} berechneten Maß noch das zu den $\tilde{g}_{ik}$ gehörende homogene Lebesgue-Maß zur Beschreibung der gleichen a-priori-Wahrscheinlichkeit zur Verfügung.

Natürlich können hier nicht sämtliche Bereiche der Physik mit den gebrachten Arbeitshypothesen untersucht werden. Aber vielleicht

zeigen die behandelten Beispiele, daß die hier entwickelten Paarstruktur von Maßmannigfaltigkeiten auch eine Hilfe sein könnte
bei der Klärung der mathematischen Möglichkeiten zur einfachen
Beschreibung unbekannter bzw. ungeordneter physikalischer Zusammenhänge. Unter diesem Gesichtspunkt ist es vielleicht nützlich,
darauf hinzuweisen, welche Stelle bei dem Modell des linearen
Paars als mathematische Einschränkung und damit als eigentliche
physikalische Modellvorstellung zu betrachten ist.

Wenn man die Indikatorfunktionen der Ereignisse als Elemente von
Vektorräumen betrachtet, hat dies noch keine Konsequenzen für
die Klassen von Ereignissen, solange man mit den übrigen Elementen
der Vektorräume, die keine Indikatorfunktionen sind, keine Bedeutung verbindet. Diese Linearkombinationen sind gewissermaßen
„Linearkombinationen von Ereignissen". Auch das Abschließen
dieser Vektorräume zu den natürlichen Banach- und Hilberträumen ist
noch nicht als Erweiterung der Struktur für die Klassen der Ereignisse zu betrachten. Erst wenn man die Übergangswahrscheinlichkeiten auf einfache Weise mit Abbildungen beschreiben will, die mit
dieser linearen Struktur verträglich sind, wird die Vektorraumstruktur wichtig. Bedenkt man, daß die Modellvorstellung des linearen
Paars durch das statistische Gemisch abgeschwächt wird — nach
dem Satz von *Gleason* kann man damit jedes vorkommende Wahrscheinlichkeitsmaß erhalten—, erscheint es nicht unwahrscheinlich,
daß es auch praktisch sein könnte, L^f-lineare Paare mit $f(x) \neq x^2$,
statt nur L^2-lineare als Modelle zu verwenden. Für die Arbeitshypothesen (AH 4) bis (AH 12) ist charakteristisch, daß sie eigentlich
gar nicht auf physikalische Probleme beschränkt zu sein scheinen,
wenn man von der unwesentlichen Einschränkung absieht, daß als
Ereignisse nur Mengen reeller Zahlen betrachtet werden, was nur
praktisch ist zum Festlegen der Maße. Wenn man die Indikatorfunktionen von beliebigen Mengen zuläßt, ist klar, daß das Modell
des linearen Paars im Prinzip auch verwendet werden könnte zur
Beschreibung von Beziehungen zwischen Ereignissen, die nicht unbedingt aus dem rein physikalischen Bereich stammen müssen.

Nach der hier gebrachten Theorie besteht der einzige wesentliche
Unterschied zwischen der Quantenmechanik und der klassischen
Mechanik darin, daß die idealisierten Übergangswahrscheinlich-

keiten in der klassischen Mechanik von f unabhängig und in der Quantenmechanik von f abhängig sind. Deshalb ist es vielleicht ganz interessant, sich die Konsequenzen für die Quantentheorie zu überlegen, wenn man statt der L^2-linearen Paare beliebige L^f-lineare Paare verwendet. Weil f(0) gleich Null ist, läßt sich die Wahrscheinlichkeit für alle Ereignisse in der Entscheidung mit (echt) positiver Wahrscheinlichkeit praktisch beliebig anpassen, während die Ereignisse mit der Wahrscheinlichkeit Null unabhängig von der gewählten Funktion f sind. Die idealen Modelle der Quantentheorie liefern von f abhängige Übergangswahrscheinlichkeiten, aber die Ereignisse mit möglicher positiver Wahrscheinlichkeit legen sie unabhängig von f fest. Es ist z. B. bei den mit den ψ-Funktionen berechneten Wahrscheinlichkeitsdichten die Lage der Knoten unabhängig von f. Man erhält so gewissermaßen eine f-invariante Quantentheorie. Die klassische Mechanik war ja sogar unabhängig von der Wahl der Funktion f. Wenn f monoton wachsend ist, bleibt die Aussage, daß das Relativmaß für zwei Ereignisse in der Entscheidung größer oder kleiner gleich 1 ist, unabhängig von der gewählten Funktion f, ansonsten läßt sich das Verhältnis durch Verändern von f beeinflussen. Aufgrund dieser Überlegungen stellt sich auch die Frage, ob es nicht möglich sein sollte, „mikroskopischere“ Modelle für die Quantenphysik anzugeben, die die „Vorliebe der Natur“ für die Funktion $f(x) = x^2$ in den Formeln der „idealen“ Wahrscheinlichkeitsverteilungen für die linearen Paare erklären könnten. Wenn man hierbei an quantenfeldtheoretische Modelle denkt, muß zuerst geklärt werden, welche Formeln wegen der bisher üblichen Verwendung von $f(x) = x^2$ von der Wahl dieser Funktion abhängig sind, welche nicht. Hierfür könnte auch der Ausbau der Theorie parametrisierter Wahrscheinlichkeitsräume eine Hilfe sein, um einen Ersatz für die nur in der klassischen Physik anwendbare Theorie stochastischer Prozesse zu haben, die ja eine Theorie parametrisierter Zufallsvariablen auf *einem* Wahrscheinlichkeitsraum ist, dessen Elemente gerade die verborgenen Parameter einer in der Quantentheorie nicht ausreichenden Theorie „verborgener Parameter“ sind.

Anmerkungen

In der eckigen Klammer nach der Anmerkung findet man die zugehörige Seitenzahl des Haupttextes.

1. vgl. insbes. Kap. III, IV. [X]

2. vgl. z.B. *H. Reichardt* (1957), insbes. S. 412,
G. Gerlich (1977), S. 90 ff. [2]

3. Eine Klasse ist hier immer eine Zusammenfassung von Elementen, die immer auch als Mengen aufgefaßt werden können. Bekanntlich kann man Abbildungen als Mengen auffassen (vgl. auch Anm. 11). Da bei dieser Klasse α von Abbildungen der Definitionsbereich mit dem Bildbereich i.a. nicht übereinstimmt, ist für gewisse Abbildungen zwar ein Hintereinanderschalten möglich, aber nicht für alle. Aus diesem Grund kann man die Klasse α i.a. nicht als Gruppe betrachten. [4]

4. Die hier gegebene Definition der reellen n-dimensionalen Mannigfaltigkeit entspricht nicht genau den sonst in der mathematischen Literatur üblichen Definitionen. Die Unterschiede sind hier nötig, um eine einfache Sprechweise beibehalten zu können. Eigentlich müßten die n-tupel durch ein Symbol für den Meßgerätesatz zu einem $(n + 1)$-tupel ergänzt werden, damit man die Äquivalenzklassen durch eine Äquivalenzrelation definieren kann (vgl. *G. Gerlich* (1977), S. 101 ff.). [4]

5. Die Bezeichnung einer Klasse durch einen Repräsentanten ist auch sonst in der Mathematik üblich. Bekanntlich ist z.B. eine reelle Zahl x eine Klasse äquivalenter Cauchyfolgen. Für diese Cauchyfolgen verwendet man als Repräsentanten die Folge, die für alle Folgenglieder nur aus dem Grenzelement x besteht, und schreibt für diese Klasse einfach x. [5]

6. vgl. z.B. *H. Schubert* (1966), S. 66. [8]

7. Die hier verwendeten Begriffe aus der Maßtheorie und Wahrscheinlichkeitsrechnung lehnen sich vor allem an *H. Bauer* (1974) an und entsprechen weitgehend auch der Darstellung von *E. Henze*

(1971). Da bei *H. Bauer* (1974) auch die Wahrscheinlichkeitstheorie
dargestellt wird und nicht nur die Maßtheorie, wird vor allem
H. Bauer zitiert. Hier wird nur ein kleiner Bruchteil des Inhalts dieser Bücher benötigt. Deshalb sollen in den Anmerkungen die wichtigsten Begriffe nach Bedarf so zusammengestellt werden, daß die
Kenntnis dieser Bücher für das Verstehen dieses Textes nicht notwendig sein sollte. Natürlich kommen auch andere Bücher über
diesen Themenkreis hier in Frage, doch muß man darauf achten,
daß vor allem in den mehr physikalisch orientierten Büchern kein
einheitlicher Sprachgebrauch üblich ist. Aus diesem Grund werden
hier manche Begriffe zum Teil ausführlicher behandelt als vom
Logischen her notwendig ist. [10]

8. Für die Vollständigkeit benötigt man eine Ergänzung. Wenn es
z.B. nur ein Ereignis gibt, das betrachtet wird, dann ist es eventuell
sinnvoll, festzustellen, daß dieses Ereignis nicht geschehen ist. Dies
soll bei einer vollständigen Klasse nicht möglich sein. Deshalb führt
man als Konvention ein, das Nichtgeschehen des Ereignisses A als das
Geschehen des Ereignisses $\complement$ A zu definieren. Hier ist $\complement$ das mengentheoretische Symbol für das Komplement. Analog ist die Bildung
für mehrere Alternativen A_i, die möglicherweise nicht vollständig
sind, bei denen also möglich ist, daß keine der Alternativen festgestellt wird. In diesem Fall wird vereinbart, daß dieses Ereignis
als weiteres (sich ausschließendes) Ereignis hinzugefügt wird. Im
Unterschied zum üblichen Sprachgebrauch wird also das Feststellen
oder Entscheiden, daß keins der A_i geschehen ist, als Geschehen
des Ereignisses $\complement \cup A_i$ betrachtet. Mit dieser Konvention ist die
Vollständigkeit in (AH 6) für die Klasse der Alternativen keine
Einschränkung mehr. [12]

9. Dies ist für allgemeine Boolesche Verbände der Inhalt eines
wichtigen Satzes von *M. H. Stone*, vgl. z.B. *D. A. Kappos* (1969),
S. 246. [14]

10. Das Symbol (BA) als Abkürzung von Boolescher Algebra soll
andeuten, daß meist bei der Betonung dieser Eigenschaften von
einer Booleschen Algebra und bei Betonung der vorher diskutierten
Eigenschaften von einem Booleschen Verband gesprochen wird.
Die bei (BV) eingeführten Symbole $\cap$, $\cup$, $\complement$, $\emptyset$ und Ω haben hier
die aus der Mengenlehre bekannte Bedeutung Durchschnitt, Ver-

einigung, Komplement behüglich der Gesamtmenge, leere Menge
und Gesamtmenge (vgl. z.B. *J. Schmidt* (1966)). Man kann deshalb
die in den Booleschen Verbänden benötigten Rechenregeln, wie
die Distributivgesetze und Assoziativgesetze mit der klassischen
Logik in der üblichen Weise beweisen. Es sei schon an dieser Stelle
auf einen Vorteil bei der Verwendung der Teilmengeninterpretation hingewiesen: Bei Teilmengen sind unendliche Vereinigungen
kein Problem, beim Verband sind diese Vereinigungen Verknüpfungen. Wie man schon bei der Addition der Zahlen weiß, sind unendliche Verknüpfungen in der Regel mit gewissen Schwierigkeiten verbunden. [14]

11. Die hier gewählte Bezeichnungsweise ist der mathematischen
Konvention angepaßt, daß zwar eine Menge immer eine Klasse ist,
daß aber nur die Klasse auch eine Menge ist, die Element einer geeigneten Klasse ist (vgl. z.B. *J. Schmidt* (1966)). Da eine Teilklasse von Teilmengen einer Menge nach der gleichen Konvention
immer eine Menge ist, hätte man auch von einer Menge von Teilmengen sprechen können. Nun unterscheiden sich die Operationen
in dieser Menge von Teilmengen in der Anwendung von den Operationen in der Menge Ω vor allem dadurch, daß es wichtig ist, daß
die Teilmengen von Ω Elemente der Klasse der Ereignisse, nämlich
der Booleschen Algebra sind, während es bei den üblichen Betrachtungen normalerweise nicht wichtig ist, daß die Boolesche Algebra
Element irgendeiner anderen Klasse ist. Diese Unterscheidung hat
in den Darstellungen über Wahrscheinlichkeitstheorie dazu geführt,
die ausgezeichnete Menge von Teilmengen ein System von Teilmengen zu nennen. Die Verwendung des Wortes „System" hat
aber den Nachteil, daß man die wichtigen Klassenoperationen wie
Durchschnitt und Vereinigung gesondert für Systeme vereinbaren
muß, während hier ohne weitere Erklärung klar ist, was z.B. der
Durchschnitt aller Algebren ist, die eine gegebene Klasse von Teilmengen umfassen. [17]

12. Man nennt die kleinste Algebra, die eine gegebene Klasse E
von Teilmengen umfaßt, eine von E erzeugte Algebra. Bei diesem
Beispiel sind die Elemente der von den A_1 bis A_k erzeugten Booleschen Algebra die leere Menge $\emptyset$ und alle (endlichen) Vereinigungen von gewissen Alternativen der A_1 bis A_k. [17]

13. Dazu betrachtet man die Folge $\{A_i'\}$, die aus $\{A_i\}$ entsteht

durch $A_1' = A_1$ und $A_i' = A_i \cap \left(\complement \bigcup_{j=1}^{i=1} A_j \right)$ für $i > 1$.

Für $i \neq k$ ist $A_i' \cap A_k' = \emptyset$ und durch vollständige Induktion nach n zeigt man

$$\bigcup_{i=1}^{n} A_i' = \bigcup_{i=1}^{n} A_i \, . \; [19]$$

14. Die benötigten Mengenformeln machen auch bei unendlichen Vereinigungen und Durchschnitten keine Schwierigkeiten (vgl. z.B. *E. Henze* (1971), S. 10 ff). [19]

15. Damit dies deutlich wird, wurde in dieser Darstellung nicht mit σ-Algebren und Maßen begonnen, sondern der Umweg über endliche Algebren und Inhalte gewählt, da ich annehme, daß dann deutlicher wird, was unter der „Endlichkeit" der „Natur" zu verstehen ist und wie diese Endlichkeit nicht unbedingt eine Endlichkeit der verwendeten mathematischen Struktur zur Folge hat. [21]

16. Man könnte diese Alternativen nach *C. F. v. Weizsäcker* Uralternativen nennen. Man pflegt sie Atome einer Algebra zu nennen. Sie sind mit den hier gewählten Begriffen von den Ereigniselementen zu unterscheiden. [21]

17. vgl. z.B. *H. Bauer* (1974), S. 18:
Für jede unendliche Menge Ω ist das System aller Mengen $A \subset \Omega$, für die entweder A oder $\complement A$ endlich ist, eine Algebra, jedoch keine σ-Algebra. Dies entspricht dem hier behandelten Problem. [22]

18. Deshalb kann man bequeme σ-Algebren und die Maßtheorie für die Wahrscheinlichkeitstheorie verwenden und ist nicht nur auf eine Inhaltstheorie von Booleschen Algebren angewiesen, ohne daß es sich um eine Idealisierung der „endlichen Natur" handelt. In *H. Meschkowski* (1968) wird die Wahrscheinlichkeitstheorie als Inhaltstheorie atomarer Boolescher Algebren aufgefaßt (Theorie normierter atomarer Boolescher Algebren, vgl. S. 59, 61). Diese Beschränkung wird mit dem „Vorkommen in der Natur" begründet (S. 92, 113). Im Unterschied zu der in der Anm. 7 zitierten und mir sonst bekannten Literatur über Wahrscheinlichkeitstheorie, ist diese

Darstellung als Ergänzung deshalb nicht so geeignet. Daß eine Inhaltstheorie Boolescher Verbände wirklich praktische Nachteile hat, erkennt man leicht, wenn man das Riemannsche Integral betrachtet als Inhalt. Das Riemannsche Integral liefert aber kein Maß. Erst der Übergang zum Lebesgueschen Maß beseitigt gewisse *mathematische* Unbequemlichkeiten, die für die Naturbeschreibung keine Bedeutung haben bzw. sie eher behindern, statt die „Endlichkeit" der Natur zu berücksichtigen. [22]

19. Eine präzisere Definition des cartesischen Produkts und der Relation, die dann in der Formulierung aufwendiger wird, findet man in Büchern über Mengenlehre, wie z.B. *J. Schmidt* (1966). In diesem Zusammenhang reicht die hier gegebene Definition. [26]

20. Das Identifizieren ist natürlich nur dann möglich, wenn die notwendigen Mengenoperationen mit dem Identifizieren vertauschbar sind. Dies ist für Durchschnitt, Vereinigung und Komplement der Fall. [29]

21. In den „punktfreien" Darstellungen der Wahrscheinlichkeitstheorie, wie man sie z.B. bei *D. A. Kappos* (1969) findet, sind solche Definitionen notwendig. Wenn man nämlich eine Ereignisalgebra als Booleschen Verband und nicht als Klasse von Teilmengen einer Menge Ω einführt, ist es i.a. sinnlos, davon zu sprechen, daß irgendwelche Ereigniselemente (Elementarereignisse, Punkte) Elemente eines Ereignisses sind. Dann läßt sich auch nicht — wie in der üblichen Wahrscheinlichkeitstheorie — das cartesische Produkt von Ereignissen als Menge solcher Paare von Ereigniselementen einführen. Man geht deshalb — wie hier — bei der „punktfreien" Darstellung der Wahrscheinlichkeitstheorie vom cartesischen Produkt der Algebren

$$\mathbf{A}_1 \times \mathbf{A}_2 = \{(A_1, A_2) \,|\, A_1 \in \mathbf{A}_1, \; A_2 \in \mathbf{A}_2\}$$

aus, für das — im Unterschied zu der hier dargelegten Betrachtungsweise — ein „und" komponentenweise definiert wird:

$$(A_1, A_2) \wedge (B_1, B_2) = (A_1 \cap B_1, \; A_2 \cap B_2)$$

Mit diesem „und" kann man in der üblichen Weise $\mathbf{A}_1 \times \mathbf{A}_2$ als halbgeordnete Menge bzw. Verband betrachten. Definiert man als Vereinigung das Supremum zweier Paare in $\mathbf{A}_1 \times \mathbf{A}_2$, gelangt man zur komponentenweisen Vereinigung. Wenn man das Komplement

ebenfalls komponentenweise definiert, muß man aber beachten,
daß nur dann die Teilmengen

$$A_1 \times \{\Omega_2\}, \ A_1 \times \{\emptyset\} \ \text{bzw.} \ \{\Omega_1\} \times A_2 \ \{\emptyset\} \times A_2$$

als Unterverbände von $A_1 \times A_2$ betrachtet werden können, die
zu A_1 bzw. A_2 isomorph sind, wenn man von der Komplement-
bildung absieht. Bei dieser Definition ist z.B. das Komplement
eines Elements aus $A_1 \times \{\Omega_2\}$ Element von $A_1 \times \{\emptyset\}$ und umgekehrt. Man prüft leicht nach, daß der so definierte Verband
$A_1 \times A_2$ i.a. sicher kein Boolescher Verband ist. Solche „Paar-
verbände" werden im Zusammenhang mit der Quantentheorie
diskutiert von *J. M. Jauch* (1973), S. 81 f.

Im Unterschied hierzu verwendet man in $A_1 \times A_2$ in der „punktfreien" Wahrscheinlichkeitstheorie (nach *D. A. Kappos* (1969)) nur
das vorne definierte „und" und identifiziert alle Paare, bei denen
mindestens eine Komponente das unmögliche Ereignis $\emptyset$ ist, mit
dem unmöglichen Ereignis $\emptyset$. Paarweise disjunkt sind also die Paare,
deren Durchschnitt ein Paar liefert, bei dem mindestens eine Komponente des Paars die leere Menge $\emptyset$ ist. Wenn man die Paare in
der üblichen Teilmengeninterpretation der Wahrscheinlichkeitstheorie durch die entsprechenden cartesischen Produkte ersetzt, entspricht dann das vorne für die Paare definierte „und" gerade dem
Durchschnitt der entsprechenden cartesischen Produkte; denn es
gilt für die letzteren

$$\emptyset \times A_2 = A_1 \times \emptyset = \emptyset$$

und

$$(A_1 \times A_2) \cap (B_1 \times B_2) = (A_1 \cap B_1) \times (A_2 \cap B_2).$$

In der „punktfreien" Wahrscheinlichkeitstheorie wird für Paare aus
$A_1 \times A_2$ ein „oder" so definiert, daß das Ersetzen der Paare durch
die entsprechenden cartesischen Produkte weiter möglich ist. Da
i.a. $(A_1 \times A_2) \cup (B_1 \times B_2)$ nicht als Produkt $C_1 \times C_2$ geschrieben werden kann, ist es nötig, die Menge $A_1 \times A_2$ in eine geeignete
umfangreichere Menge einzubetten. Man ersetzt deshalb $A_1 \times A_2$
durch die Menge H_e aller endlichen Vereinigungen paarweise disjunkter Paare. Die einelementigen Teilmengen entsprechen dann

umkehrbar eindeutig den Elementen aus $A_1 \times A_2$. In der Menge H_e werden die i.a. zweielementigen Teilmengen

$$\{(A_1, A_2)\} \cup \{(A_1, B_2)\} \quad \text{bzw.} \quad \{(A_1, A_2)\} \cup \{(B_1, A_2)\}$$

von den einelementigen

$$\{(A_1, A_2 \cup B_2)\} \qquad \text{bzw.} \ \{(A_1 \cup B_1, A_2)\}$$

unterschieden. Wenn man die Paare durch die entsprechenden cartesischen Produkte ersetzt, sind die zugehörigen Mengen dagegen gleich. Deshalb wird in H_e eine Äquivalenzrelation so definiert, daß diese Unterscheidung entfällt. Auf diesen Äquivalenzklassen von H_e läßt sich dann ein „oder" definieren durch

$$\{(A_1, A_2)\} \vee \{(B_1, B_2)\} = \{(A_1 \cap B_1, A_2 \cup B_2)\}$$
$$\cup \ \{(A_1 \cap \mathbb{C}\,(A_1 \cap B_1), A_2)\} \cup \{(B_1 \cap \mathbb{C}\,(A_1 \cap B_1), B_2)\}.$$

Man rechnet leicht nach, daß dieses „oder" zur Vereinigung wird, wenn die Paare (A_1, A_2) und (B_1, B_2) disjunkt sind oder wenn man die Paare durch die entsprechenden cartesischen Produkte ersetzt. Man gelangt so zu einer Algebra, die zur entsprechenden Produktalgebra $A_1 \otimes A_2$ isomorph ist. Für nähere und genauere Einzelheiten bei der beschriebenen Konstruktion, die besonders im Fall beliebiger Produkte und σ-Algebren nicht einfach ist, sei verwiesen auf *D. A. Kappos* (1969), S. 35 ff. An diesem Beispiel erkennt man, daß der wesentliche Unterschied dieser Darstellung zu den üblichen Darstellungen der Wahrscheinlichkeitstheorie eigentlich weniger in der Verwendung der Paare von Mengen besteht, sondern darin, daß hier nicht von vornherein „naheliegende" Verbandsverknüpfungen für diese Ereignispaare definiert werden. [31]

22. vgl. z.B. *A. I. Khinchin* (1957), S. 14. [35]

$$23. \ \sum_{i=1}^{n} q_i = \frac{1-q}{1-q^n} \sum_{k=0}^{n-1} q^k = 1$$

$$S_r = - \sum_{i=1}^{n} \frac{1-q}{1-q^n} q^{i-1} \ln \left(\frac{1-q}{1-q^n} q^{i-1} \right) =$$

$$= - \frac{1-q}{1-q^n} \sum_{i=1}^{n} q^{i-1} \ln q^{i-1} - \frac{1-q}{1-q^n} \sum_{i=1}^{n} q^{i-1} \ln \frac{1-q}{1-q^n}$$

$$= -\frac{1-q}{1-q^n} \sum_{i=1}^{n} (i-1)\, q^{i-1} \ln q - \ln \frac{1-q}{1-q^n}$$

$$= -\frac{1-q}{1-q^n}\, q \ln q \, \frac{d}{dq} \sum_{i=1}^{n} q^{i-1} - \ln \frac{1-q}{1-q^n}$$

$$= \ln \frac{1-q^n}{1-q} - \frac{1-q}{1-q^n}\, q \ln q \, \frac{d}{dq} \frac{1-q^n}{1-q}$$

$$= \ln \frac{1-q^n}{1-q} + \frac{nq^{n-1}}{1-q^n}\, q \ln q - \frac{q}{1-q} \ln q. \quad [37]$$

24. Mit $\epsilon = 1 - q$ erhält man:

$$S_r = \ln \frac{1-(1-\epsilon)^n}{\epsilon} - \frac{1-\epsilon}{\epsilon} \ln(1-\epsilon) + \frac{n(1-\epsilon)^n}{1-(1-\epsilon)^n} \ln(1-\epsilon)$$

$$= \ln \frac{1 - \sum_{\nu=0}^{n} \binom{n}{\nu} (-\epsilon)^\nu}{\epsilon} - \frac{1-\epsilon}{\epsilon} \sum_{\nu=1}^{\infty} \frac{1}{\nu} \left(\frac{-\epsilon}{1-\epsilon}\right)^\nu$$

$$+ \frac{n \sum_{\nu=0}^{n} \binom{n}{\nu} (-\epsilon)^\nu}{- \sum_{\nu=1}^{n} \binom{n}{\nu} (-\epsilon)^\nu} \sum_{\nu=1}^{\infty} \frac{1}{\nu} \left(\frac{-\epsilon}{1-\epsilon}\right)^\nu$$

$$= \ln \left[n + \sum_{\nu=1}^{n-1} \binom{n}{\nu+1} (-\epsilon)^\nu \right]$$

$$- \frac{\sum_{\nu=1}^{n-1} \nu \binom{n}{\nu+1} (-\epsilon)^\nu}{n + \sum_{\nu=1}^{n-1} \binom{n}{\nu+1} (-\epsilon)^\nu} \sum_{\nu=1}^{\infty} \frac{1}{\nu} \left(\frac{-\epsilon}{1-\epsilon}\right)^{\nu-1} \quad [37]$$

25. vgl. *A. Hobson* (1971), insbes. S. 126 ff, 143, bzw.
E. T. Jaynes (1963), insbes. S. 181. [38]

26. Es ist zu beachten, daß nach den hier durchgeführten Überlegungen die Werte λ_i durch Vereinbarung (Eichung) festgelegt
werden, nicht etwa durch Messungen. Wenn man die zu einem solchen Meßgerät gehörenden W-Maße durch Verteilungsfunktionen
beschreibt, sind die λ_i-Werte die möglichen Unstetigkeitsstellen der
Verteilungsfunktionen. Es liegt die Vermutung nahe, daß die Unstetigkeitsstellen der Verteilungsfunktion eines endlichen Maßes
auf $\mathbf{B}^1$ immer die Eigenschaft haben, daß sie sich der Größe nach
zählen lassen. Dem widerspricht das folgende elementare Beispiel:
Die rationalen Zahlen Q bilden eine abzählbare Teilmenge des $\mathbf{R}^1$.
Wir nehmen irgendeine Zählvorschrift für diese Zahlen an
$Q = \{ r_i \mid i = 1, 2, \ldots \}$. Dies kann sicher nicht der Größe nach geschehen. Ist nun p_i eine Folge positiver Zahlen mit $\Sigma p_i = 1$, dann
kann man allen rationalen Zahlen durch $p(r_i) = p_i$ echt positive
Wahrscheinlichkeiten zuordnen. Hiermit kann man für jede in $\mathbf{B}^1$
liegende Teilmenge A des $\mathbf{R}^1$ durch

$$\mu(A) = \sum_{r_i \in A} p(r_i)$$

ein W-Maß auf $\mathbf{B}^1$ definieren. Dies ist eine Summe (Reihe) über die
in A liegenden rationalen Zahlen und als Teilreihe der p_i sicher kon-
vergent. Die Verteilungsfunktion für dieses W-Maß ist also für alle
rationalen Zahlen unstetig und für alle irrationalen Zahlen stetig.
Trotzdem könnte man diese Verteilung als Modellverteilung verwenden: Für das gegebene W-Maß gibt es zu jedem $\epsilon > 0$ ein N_0
mit der Eigenschaft

$$1 - \sum_{i=1}^{N_0} p_i < \epsilon \,.$$

Die endlich vielen rationalen Zahlen mit den Nummern kleiner als
N_0 kann man so zählen, daß sie der Größe nach geordnet sind und
eine Zerlegung des $\mathbf{R}^1$ in disjunkte rechts halboffene Intervalle
liefern. Die ursprünglichen W-Maße der entsprechenden offenen
Intervalle werden proportional zur Länge der Teilintervalle aufge-
teilt. Anschaulich erhält man eine Verteilungsfunktion, die stück-
weise aus nicht fallenden halboffenen Strecken besteht. Bei einer
Zahl von Entscheidungen, die nicht größer als $1/\epsilon$ ist, ist diese

Verteilungsfunktion von der ursprünglichen nicht zu unterscheiden. Ein solches Modell der Menge M ist im Sinne des Induktionsprinzips verwendbar, wenn jedes Intervall für jede endliche Teilung noch mehrere unteilbare Ereignisse enthält. Dies heißt natürlich nicht, daß diese Menge für dieses Modell verwendet werden muß, nur daß sie dafür verwendet werden kann. [40]

27. In $\mathbf{B}^1$ liegen neben den rechts halboffenen auch die anderen Arten von Intervallen:

$$]a, b[\quad \text{offenes Intervall } (\neq \emptyset \text{ für } a < b),$$
$$[a, b] \quad \text{abgeschlossenes Intervall } (\neq \emptyset \text{ für } a \leqslant b),$$
$$]a, b] \quad \text{links halboffenes Intervall } (\neq \emptyset \text{ für } a < b). \quad [41]$$

28. Der hier benötigte Begriff der induzierten σ-Algebra entspricht dem Begriff der induzierten Topologie bzw. Unterraumtopologie in der Topologie.

Es sei B allgemein eine Teilmenge von Ω, die nicht notwendig Element der σ-Algebra A von Ω sein muß. Dann ist die Klasse

$$\mathbf{A_B} = \{A \cap B \mid A \in A\}$$

eine σ-Algebra von B, die von A in B induzierte σ-Algebra, Unterraum-σ-Algebra oder Spur der σ-Algebra A in B heißt (vgl. *E. Henze* (1971), S. 43). Die σ-Algebra $\mathbf{A_B}$ ist die Klasse der Durchschnitte von Elementen der σ-Algebra A mit B und i.a. nicht mit dem Durchschnitt der σ-Algebren $\mathbf{P}(B)$ und A, also $\mathbf{P}(B) \cap A$ zu verwechseln. Es ist $\mathbf{P}(B)$ die Klasse aller Teilmengen von B. Da für alle Teilmengen A von B gilt $A \cap B = A$, sind alle die Teilmengen von B, die Elemente von A sind, auch Elemente von $\mathbf{A_B}$. Deshalb ist $\mathbf{P}(B) \cap A$ enthalten in $\mathbf{A_B}$. Wenn B nicht Element von A ist, ist B nicht Element von $\mathbf{P}(B) \cap A$, also ist $\mathbf{P}(B) \cap A$ keine σ-Algebra über B und die Inklusion echt. Wenn $B \in A$ ist, gilt $\mathbf{A_B} = \mathbf{P}(B) \cap A$, da mit A, B aus A auch $A \cap B$ Element von A ist. Die σ-Algebra $\mathbf{A_B}$ mit $B \in A$ ist eigentlich die für bedingte Wahrscheinlichkeiten verwendete σ-Algebra. [42]

29. Die Summe zweier Maße auf der gleichen σ-Algebra ist wieder ein Maß (vgl. z.B. *H. Bauer* (1974), S. 22). [43]

30. Man nennt ein Maß σ-endlich (*H. Bauer* (1974), S. 34 f), wenn es eine höchstens abzählbare Zerlegung $\{B_i\}$ von Ω in Mengen B_i

endlichen Maßes gibt. Dies ist beim L-B-Maß klar und ebenfalls beim Maß μ_{AP}. Hieraus läßt sich die σ-Endlichkeit von μ_G schließen: Es sei A_j eine abzählbare Zerlegung des R^1 in Mengen endlichen L-B-Maßes. Die $\{\lambda_i\} \subset M$ sind eine abzählbare Zerlegung von M. Die Mengen

$$A_j \cap \mathbb{C}M, \ \{\lambda_i\}$$

sind eine abzählbare Zerlegung des R^1. Wegen

$$\mu_G(A_j \cap \mathbb{C}M) = \mu_{LB}(A_j \cap \mathbb{C}M) = \mu_{LB}(A_j),$$
$$\mu_G(\{\lambda_i\}) = \mu_{AP}(\{\lambda_i\}) = 1$$

haben diese Mengen ein endliches μ_G-Maß. Also ist μ_G σ-endlich. [43]

31. vgl. z.B. *H. Bauer* (1974), S. 41, Satz 8.4. [43]

32. vgl. *H. Bauer* (1974), S. 51.

Bei gewissen Beweisen weiß man manchmal nur, daß eine Menge in einer Menge vom Maß Null enthalten ist, ohne die Meßbarkeit dieser Menge nachgewiesen zu haben, wie z.B. beim Beweis der Vollständigkeit des Hilbertraumes der nach Lebesgue quadratisch integrierbaren Funktionen des R^p bei *J. v. Neumann* (1932, 1968), S. 32 f mit S. 24. Dies reicht beim vollständigen Lebesgue-Maß aus. Um unnötige Komplikationen zu vermeiden, soll für den folgenden Text unter μ_G immer das vervollständigte Maß μ_G^0 auf der vervollständigten σ-Algebra G_0 verstanden werden. [44]

33. vgl. z.B. *H. Bauer* (1974), S. 120. [44]

34. Es wird hier der Begriff der Meßbarkeit benötigt, der kurz neben dem Hinweis auf die zitierte Literatur mit der schon gebrachten Nomenklatur erläutert werden soll:
Mit einer Abbildung f aus Ω_1 in Ω_2 läßt sich eine Abbildung von $P(\Omega_2)$ in $P(\Omega_1)$ (die Klassen aller Teilmengen von Ω_2 bzw. Ω_1) definieren, indem man für eine beliebige Teilmenge A von Ω_2 setzt

$$f^{-1}(A) = \{x \mid x \in \Omega_1, \ f(x) \in A\}.$$

Man nennt diese Menge das Urbild der Menge $A \subset \Omega_2$ bezüglich der Abbildung f. Es ist eine Abbildung von $P(\Omega_2)$ in $P(\Omega_1)$ mit der Abbildungsrelation

$$R_1 = \{(A, f^{-1}(A)) \mid A \in P(\Omega_2)\} \subset P(\Omega_2) \times P(\Omega_1).$$

Entsprechend definiert man auch das Bild einer Teilmenge A von Ω_1:

$$f(A) = \{f(x) \mid f(x) \in \Omega_2,\ x \in A\}.$$

Eigentlich müßte man hierfür ein anderes Symbol statt f verwenden, da es sich um eine Abbildung der Teilmengen der Menge Ω_1 und nicht – wie bei f – um eine Abbildung der Elemente von Ω_1 handelt. Die Abbildungsrelation für diese Abbildung $P(\Omega_1)$ in $P(\Omega_2)$ ist gegeben durch

$$R_2 = \{(A, f(A)) \mid A \in P(\Omega_1)\} \subset P(\Omega_1) \times P(\Omega_2).$$

Mit Hilfe der durch f definierten nichtleeren Abbildungsrelation

$$R_f = \{(x, y) \mid x \in \Omega_1,\ y \in \Omega_2,\ y = f(x)\} \subset \Omega_1 \times \Omega_2$$

lassen sich die Bilder und Urbilder noch symmetrischer schreiben:

$$f^{-1}(A) = \{x \mid y \in A,\ (x, y) \in R_f\}$$
$$f(A) = \{y \mid x \in A,\ (x, y) \in R_f\}.$$

Sind für Ω_1 und Ω_2 Teilklassen A_1 und A_2 von $P(\Omega_1)$ bzw. $P(\Omega_2)$ ausgezeichnet, die σ-Algebren sind, sind insbesondere Bilder bzw. Urbilder für die in A_1 bzw. A_2 liegenden Teilmengen von Ω_1 bzw. Ω_2 definiert. Dann kann man die Frage stellen, ob die Urbilder der Elemente von A_2 in A_1 und entsprechend die Bilder der Elemente von A_1 in A_2 enthalten sind. Man definiert:

Eine Abbildung f von Ω_1 in Ω_2 heißt A_1–A_2-meßbar (oder kurz $(A_1$-)meßbar, wenn die σ-Algebren $A_{1,2}$ (A_2) klar sind), wenn die Urbilder aller Mengen aus A_2 Elemente von A_1 sind.

Man erkennt, daß die Definition der Meßbarkeit gerade der Stetigkeitsdefinition der Topologie entspricht. Es sind nur die Klassen $\tau_{1,2}$ der offenen Teilmengen von $\Omega_{1,2}$, die Topologien genannt werden, ersetzt worden durch die Klassen $A_{1,2}$ der meßbaren Teilmengen, die σ-Algebren genannt werden. Aufgrund der durchgeführten Plausibilitätsbetrachtung liegt auch eine Definition der Form nahe:

Eine Abbildung von (aus) Ω_1 in Ω_2 heißt Maß-Abbildung, wenn die Bilder aller Mengen aus A_1 Elemente von A_2 sind.

Dies wäre der zur offenen (abgeschlossenen) Abbildung der Topologie analoge Begriff (vgl. z.B. *H. Schubert* (1964), S. 29). Er kommt in den mir bekannten Darstellungen der Maßtheorie nicht vor und scheint wohl keine besondere Rolle zu spielen. Es soll betont werden, daß in der Regel (wie auch in *H. Bauer* (1974) und *H. Schubert* (1964)) die Definition der Meßbarkeit und Stetigkeit für Abbildungen *von* Ω_1 in Ω_2 und nicht für Abbildungen *aus* Ω_1 in Ω_2 ausgesprochen wird, obwohl Abbildungen „aus" — wie z.B. die nur dicht definierten Hilbertraumoperatoren der Quantentheorie — in der Praxis durchaus vorkommen. Bei einer Abbildung „von" ist die Klasse

$$\{f^{-1}(A) \mid A \in A_2\} \quad (\text{bzw. } \{f^{-1}(A) \mid A \in \tau_2\})$$

immer eine σ-Algebra (bzw. Topologie), weil dann die Mengenoperationen mit der Bildung des Urbilds vertauschen. Bei einer Abbildung „aus" gilt nur

$$f^{-1}(A) \subset f^{-1}(\Omega_2) \subset \Omega_1 \quad \text{und} \quad f^{-1}(\complement A) \subset \complement f^{-1}(A).$$

Durch das Ersetzen des Wortes „von" durch „aus" in der obigen Definition erhält man deshalb gerade für Abbildungen „aus" eine häufig zu scharfe und deshalb manchmal nicht sehr praktische Definition, die aber auch verwendet wird. Stattdessen wird häufig für eine Abbildung „aus" die obige Definition abgeschwächt, indem Ω_1 durch den (nichtleeren) Definitionsbereich $f^{-1}(\Omega_2)$ und die Topologie τ_1 durch die in $f^{-1}(\Omega_2)$ durch τ_1 induzierte Unterraumtopologie

$$\tau' = \{A \cap f^{-1}(\Omega_2) \mid A \in \tau_1\}$$

ersetzt wird. Vor allem im Hilbertraum wird diese abgeschwächte Definition verwendet (vgl. z.B. *J. v. Neumann* (1932, 1968), S. 23, 75 ff). Entsprechend könnte man die durch A_1 in $f^{-1}(\Omega_2)$ induzierte σ-Algebra

$$A_1' = \{A \cap f^{-1}(\Omega_2) \mid A \in A_1\}$$

verwenden (vgl. Anm. 28). [45]

35. Wenn man die Indikatorfunktionen durch die zugehörigen Abbildungsrelationen ersetzt, lassen sie sich auffassen als Teilmengen der Menge $\Omega \times \{0, 1\}$. Die logischen Operationen der Ereignisse sind aber für diese Klasse von Teilmengen nicht gegeben durch die üblichen Mengenoperationen. Wir bezeichnen mit R_{I_A} die zur Funktion $I_A(x)$ gehörende Abbildungsrelation.

Dann gilt:
$$R_{I_A} = \{(x, 1)\mid x \in A\} \cup \{(x, 0)\mid x \in \mathbb{C}A\}$$
$$R_{I_{\mathbb{C}A}} = \{(x, 1)\mid x \in \mathbb{C}A\} \cup \{(x, 0)\mid x \in A\}$$
$$R_{I_\emptyset} = \{(x, 0)\mid x \in \Omega\}$$
$$R_{I_\Omega} = \{(x, 1)\mid x \in \Omega\} = \Omega \times \{1\} \neq \Omega \times \{0, 1\}.$$

Es ist also
$$R_{I_\emptyset} \neq \emptyset \quad \text{und} \quad R_{I_A} \cap R_{I_{\mathbb{C}A}} = \emptyset.$$

Die Relation
$$R_{I_{A \cap B}} = \{(x, 1)\mid x \in A, x \in B\} \cup \{(x,0)\mid x \in \mathbb{C}A\}$$
$$\cup \{(x,0)\mid x \in \mathbb{C}B\}$$
$$= \{(x, 1)\mid x \in A, x \in B\} \cup \{(x,0)\mid x \in A, x \in \mathbb{C}B\}$$
$$\cup \{(x,0)\mid x \in \mathbb{C}A, x \in B\} \cup \{(x, 0)\mid x \in \mathbb{C}A, x \in \mathbb{C}B\}$$

ist für $A \neq B$ verschieden von der Relation
$$R_{I_A} \cap R_{I_B} = \{(x, 1)\mid x \in A, x \in B\} \cup \{(x,0)\mid x \in \mathbb{C}A, x \in \mathbb{C}B\},$$

die eine Abbildung *aus* Ω_1 in $\{0, 1\}$ und nicht wie $R_{I_{A \cap B}}$ eine Abbildung *von* Ω_1 in $\{0, 1\}$ liefert. Entsprechend ist die Relation
$$R_{I_{A \cup B}} = \{(x, 1)\mid x \in A\} \cup \{(x, 1)\mid x \in B\}$$
$$\cup \{(x, 0)\mid x \in \mathbb{C}A, x \in \mathbb{C}B\}$$

für $A \neq B$ verschieden von der Relation
$$R_{I_A} \cup R_{I_B} = \{(x, 1)\mid x \in A\} \cup \{(x, 1)\mid x \in B\}$$
$$\cup \{(x, 0)\mid x \in \mathbb{C}A\} \cup \{(x, 0)\mid x \in \mathbb{C}B\},$$

die noch nicht einmal eine Abbildungsrelation ist: Wenn $A \neq B$ ist, ist $B \cap \mathbb{C}A$ oder $\mathbb{C}B \cap A$ nicht leer. Wenn gilt $x_0 \in B \cap \mathbb{C}A$ bzw. $x_0 \in \mathbb{C}B \cap A$, sind $(x_0, 1)$ und $(x_0, 0)$ Elemente von $R_{I_A} \cup R_{I_B}$. Also ist diese Relation keine Abbildungsrelation.

Man sieht sofort, daß diese Unterschiede entfallen, wenn man stattdessen nur die Relationen
$$R_{\tilde{I}_A} = \{(x, 1)\mid x \in A\}$$

verwendet hätte. Diese Relation liefert statt einer Abbildung *von* Ω_1 in $\{0, 1\}$ eine Abbildung $\tilde{I}_A$ *aus* Ω_1 in $\{1\}$. Es ist $\tilde{I}_A$ gleich 1 für $x \in A$. Die σ-Algebra der Bildmenge ist $\{\emptyset, \{1\}\}$.

Das Urbild von $\{1\}$ ist bei $\widetilde{I}_A$ die Menge A, das Urbild von der leeren Menge $\emptyset$ ist die leere Menge $\emptyset$. Wenn man hier die in Anm. 34 gegebene abgeschwächte Definition (mit der im Definitionsbereich induzierten σ-Algebra) für Abbildungen „aus" verwendet, ist $\widetilde{I}_A$ also immer meßbar. Für diese Abbildungen $\widetilde{I}_A$ wäre die schärfere Definition der Meßbarkeit, bei der in der ursprünglichen Definition das Wort „von" durch „aus" ersetzt wird, geeigneter. Dann entsprächen die meßbaren Funktionen $\widetilde{I}_A$ gerade wieder umkehrbar eindeutig den meßbaren Teilmengen A der Menge Ω. [46]

36. Zur Integrierbarkeit bezüglich eines Maßes soll neben dem Hinweis auf die zitierte Literatur (*H. Bauer* (1974), S. 52 ff, 235 ff) angemerkt werden, daß das Integral einer numerischen Funktion ähnlich aufwendig formuliert werden muß, wie beim Riemannschen Inhalt, indem man das Integral zuerst nur für bestimmte positive meßbare numerische Funktionen erklärt. Numerische Funktionen nennt man Abbildungen von Ω in den durch $\pm\infty$ abgeschlossenen $\overline{R}^1$ (wie auch das Maß eine Abbildung von der Klasse A der Teilmengen von Ω in den $\overline{R}^1_+$ ist). Die σ-Algebra des R^1 erweitert man durch Hinzunahme der Mengen $A \cup \{\pm\infty\}$ mit $A \in \mathbf{B}^1$ zur σ-Algebra $\overline{\mathbf{B}}^1$. Meßbarkeit der numerischen Funktion heißt dann $A - \overline{\mathbf{B}}^1$-Meßbarkeit. Komplexwertige Funktionen werden als Paare reellwertiger Funktionen aufgefaßt, wobei für den Körper der komplexen Zahlen die σ-Algebra $\overline{\mathbf{B}}^1 \otimes \overline{\mathbf{B}}^1$ verwendet wird. Als einfachstes Kriterium für die Integrierbarkeit kann man sich merken, daß eine Funktion f genau dann integrierbar ist, wenn $|f|$ integrierbar ist. [47]

37. Eine endliche nichtnegative Funktion $p(x)$ auf einem Vektorraum V über dem Körper der reellen oder komplexen Zahlen heißt Halbnorm (Seminorm), wenn gilt

$$p(\lambda x) = |\lambda|\, p(x), \quad p(x + y) \leqslant p(x) + p(y)$$

für beliebige $x, y \in V$ und λ aus dem Körper. Wenn aus $p(x) = 0$ folgt $x = 0$, heißt $p(x)$ eine Norm.

Die Eigenschaft, daß $\|\psi\|_p = (\int |\psi|^p d\mu_G)^{1/p}$ für $p \geqslant 1$ eine Halbnorm ist, gilt für beliebige p-fach integrierbare (komplexwertige, reellwertige) Funktionen. Da diese Funktionenräume hier eine besondere Rolle spielen, sollen die wichtigsten Eigenschaften angegeben werden (nach *H. Bauer* (1974), S. 71 ff, S. 235 ff).

Eine komplexwertige Funktion f auf Ω heißt p-fach (μ-)integrierbar ($1 \leqslant p < \infty$), wenn sie meßbar ist und wenn $|f|^p$ (μ-)integrierbar ist. Für $p = 2$ nennt man sie quadratintegrabel. Für eine p-fach integrierbare Funktion ist

$$\| f \|_p = (\textstyle\int |f|^p \, d\mu)^{1/p}$$

immer eine endliche nichtnegative Zahl, die genau dann gleich Null ist, wenn f fast überall gleich Null ist, d.h. höchstens ungleich Null für Werte, die in einer μ-Nullmenge liegen.

Für beliebiges komplexes α gilt

$$\| \alpha f \|_p = | \alpha | \, \| f \|_p \,.$$

Ist f p-fach integrierbar und g q-fach integrierbar mit $1/p + 1/q = 1$ (p, q > 1), gilt die *Höldersche Ungleichung*:

$$\| fg \|_1 \leqslant \| f \|_p \, \| g \|_q \,.$$

Beweisschritte:

a) fg ist fast überall gleich Null, wenn einer der Faktoren f, g fast überall gleich Null ist. Dann gilt die Gleichung.

b) $\| f \|_p \neq 0$, $\| g \|_q \neq 0$.

Es ist $0 < \beta \leqslant \alpha$ gleichwertig mit $1 \leqslant \alpha\beta^{-1}$. Mit der Bernoullischen Ungleichung $(1 + \eta)^{1/p} \leqslant \eta/p + 1$ für nichtnegative η und $p^{-1} + q^{-1} = 1$ erhält man $\xi^{1/p} \leqslant \xi/p + 1/q$ für $\xi \geqslant 1$. Setzt man hier $\xi = \alpha\beta^{-1}$, ergibt sich

$$(\alpha\beta^{-1})^{1/p} \leqslant (\alpha\beta^{-1})/p + 1/q$$

bzw.

$$\alpha^{1/p} \, \beta^{-1/p}\beta = \alpha^{1/p}\beta^{1/q} \leqslant \alpha/p + \beta/q \,.$$

Die gleiche Ungleichung erhält man für $0 < \alpha \leqslant \beta$. Da sie auch für α oder β gleich Null richtig bleibt, gilt sie für alle nichtnegativen α, β. Setzt man $\alpha^{1/p} = |f| / \| f \|_p$ und $\beta^{1/q} = |g| / \| g \|_q$, ergibt sich die Ungleichung

$$\frac{1}{\| f \|_p \, \| g \|_q} |f| \, |g| \leqslant \frac{1}{p} \left(\frac{1}{\| f \|_p} |f| \right)^p + \frac{1}{q} \left(\frac{1}{\| g \|_q} |g| \right)^q \,.$$

Die Integration dieser Ungleichung liefert auf der rechten Seite $1/p + 1/q$, also nach Voraussetzung 1.

Mit $|f| \, |g| = |fg|$ folgt also

$$\frac{1}{\|f\|_p \, \|g\|_q} \, \|fg\|_1 \leqslant 1 \, .$$

Es seien f und g p-fach integrierbar, dann folgt aus

$$(|f| + |g|)^p \leqslant [2 \sup(|f|, |g|)]^p$$
$$= 2^p \sup(|f|^p, |g|^p) \leqslant 2^p (|f|^p + |g|^p)$$

die Integrierbarkeit von $(|f| + |g|)^p$. Wendet man für $p > 1$ auf

$$\int (|f| + |g|)^p \, d\mu = \int |f| (|f| + |g|)^{p-1} \, d\mu$$
$$+ \int |g| (|f| + |g|)^{p-1} \, d\mu$$

die Höldersche Ungleichung an, erhält man

$$\int (|f| + |g|)^p \, d\mu \leqslant \|f\|_p \, \|(|f| + |g|)^{p-1}\|_{\frac{p}{p-1}}$$
$$+ \|g\|_p \, \|(|f| + |g|)^{p-1}\|_{\frac{p}{p-1}}$$
$$= (\|f\|_p + \|g\|_p) \, \|(|f| + |g|)^{p-1}\|_{\frac{p}{p-1}}$$
$$= (\|f\|_p + \|g\|_p) \left[\int (|f| + |g|)^p \, d\mu \right]^{\frac{p-1}{p}}$$
$$= (\|f\|_p + \|g\|_p) \, [\| \, |f| + |g| \, \|_p]^{p-1} \, .$$

Hieraus folgt die Ungleichung

$$\| \, |f| + |g| \, \|_p \leqslant \|f\|_p + \|g\|_p \, ,$$

die auch für $p = 1$ richtig ist. Wegen $|f + g| \leqslant |f| + |g|$ erhält man hiermit die *Minkowskische Ungleichung*

$$\|f + g\|_p \leqslant \|f\|_p + \|g\|_p \, .$$

Aus $\|\alpha f\|_p = |\alpha| \, \|f\|_p$ und der Minkowskischen Ungleichung folgt, daß die p-fach integrierbaren Funktionen bei den in der üblichen Weise definierten Vektorraumverknüpfungen einen Vektorraum $L^p(\mu, C)$ bilden. Wenn man die fast überall gleichen Funktionen identifiziert, das sind die (meßbaren) Funktionen aus $L^p(\mu, C)$, deren Differenz in

$$N_p = \{d \mid d \in L^p(\mu, C), \|d\|_p = 0\}$$

liegt, erhält man den Vektorraum $\widetilde{L}^p(\mu, C)$. Es hat $\|f\|_p$ in $L^p(\mu, C)$ die Eigenschaften einer Halbnorm und in $\widetilde{L}^p(\mu, C)$ die Eigenschaften einer Norm. Ohne Beweis sei bemerkt, daß $\widetilde{L}^p(\mu, C)$ mit dieser Norm vollständig, also ein Banachraum ist, wenn μ ein vervollständigtes Maß ist (vgl. *H. Bauer* (1974), S. 78, Satz 15.5).

Aus der Hölderschen Ungleichung folgt, daß für $p, q > 1$ jede q-fach integrierbare Funktion für eine p-fach integrierbare Funktion mit $1/q + 1/p = 1$ durch

$$\int g\,f\,d\mu = \langle l_g, f\rangle$$

ein beschränktes lineares Funktional (lineare Abbildung in die komplexen (reellen) Zahlen) liefert. Die Linearität ist klar, die Beschränktheit folgt aus

$$\left|\int g f\,d\mu\right| \leqslant \int \left|g f\right|\,d\mu = \|gf\|_1 \leqslant \|g\|_q \|f\|_p = C_g \|f\|_p .$$

Die hier verwendete Ungleichung $|\int f d\mu| \leqslant \int |f| d\mu$ für integrierbare Funktionen ist für komplexwertige Funktionen nicht so einfach zu beweisen, wie für reellwertige (nach *H. Bauer* (1974), S. 236):

Mit Realteil $[\overline{\int f d\mu}\, f] \leqslant |\overline{\int f d\mu}\, f| = |\int f d\mu|\,|f|$ folgt

$$\overline{\int f d\mu} \int f d\mu = \text{Real}\left[\overline{\int f d\mu} \int f d\mu\right] = \int \text{Real}\left[\overline{\int f d\mu}\, f\right] d\mu$$

$$\leqslant \left|\int f d\mu\right| \int |f|\,d\mu ,$$

also

$$\left|\int f d\mu\right| \leqslant \int |f|\,d\mu .$$

Wegen $\|\bar{g}\|_q = \|g\|_q$ liefert auch die konjugiert komplexe Funktion $\bar{g}$ ein beschränktes lineares Funktional. Es sei ohne Beweis angegeben, daß sogar jedes beschränkte lineare Funktional von $L^p(\mu, C)$ mit einem Element g aus $L^q(\mu, C)$, wobei $1/p + 1/q = 1$ mit $p, q > 1$ ist, in der Form $\int f g d\mu$ geschrieben werden kann (vgl. z.B. *A. P. Robertson, W. J. Robertson* (1967),

S. 30, 51). Da man hier p mit q vertauschen kann, ist die Eigenschaft, daß in L^q die beschränkten linearen Funktionale von L^p liegen, für die beiden Räume symmetrisch.

Die Funktionen g(x), für die bis auf x-Werte in einer Nullmenge gilt $|g(x)| \leqslant a$, nennt man fast überall beschränkte Funktionen. Die kleinste Schranke a_0 nennt man das wesentliche Supremum von $|g(x)|$. Da für eine Funktion f aus $L^1(\mu, C)$ wegen $|gf| \leqslant a_0 |f|$ gilt

$$\int \left| gf \right| d\mu \leqslant a_0 \int \left| f \right| d\mu = a_0 \left\| f \right\|_1 \; ,$$

schreibt man $\|g\|_\infty$ für a_0, so daß diese Ungleichung die Form der Hölderschen Ungleichung erhält, nämlich

$$\|gf\|_1 \leqslant \|g\|_\infty \|f\|_1 \; .$$

Damit gilt die Höldersche Ungleichung auch für $p = 1$, wenn man q formal ∞ setzt und den Vektorraum der fast überall beschränkten Funktionen mit $L^\infty(\mu, C)$ bezeichnet. Ist μ σ-endlich, läßt sich sogar jedes beschränkte lineare Funktional auf $L^1(\mu, C)$ mit einer Funktion g aus $L^\infty(\mu, C)$ in der Form $\int g f d\mu$ schreiben (vgl. z.B. *A. P. Robertson* (1967), S. 51). [47]

38. Man muß beachten, daß es am Maß liegt, wie „anschaulich vernünftig“ es ist, Mengen vom Maß Null als „unwichtig“ zu betrachten: Es sei M die vorne definierte abzählbare Punktmenge. Dann bilden die höchstens abzählbar vielen Indikatorfunktionen

$$I_{[\lambda_i, \lambda_i]}(x) = \begin{cases} 1 \text{ für } x = \lambda_i \\ 0 \text{ sonst} \end{cases}$$

ein vollständiges Orthonormalsystem. Man kann nun diese Funktionen auf $\mathbb{C} M$ beliebig definieren, soweit die neue Funktion meßbar bleibt bzw. das vervollständigte Maß verwendet wird. Wenn man hier M nicht als abzählbar vorausgesetzt hätte, wäre L^p nicht separabel. Man kann z.B. auf der Klasse $P(R^1)$ aller Teilmengen des R^1 ein Maß $\mu_{AP}(A)$ als Anzahl der in A liegenden Punkte definieren. Da es bei diesem Maß keine nichtleeren Mengen vom Maß Null gibt, sind die fast überall gleichen Funktionen sogar gleich, und das Maß ist sicher vollständig. Man zeigt leicht, daß

jedes einzelne Element aus $L^p(\mu_{AP}, C)$ höchstens für abzählbar
viele Punkte des R^1 ungleich Null ist:
Denn wenn die Reihe positiver Zahlen

$$\int |\psi|^p \, d\mu_P = \sum_{x \in A} |\psi(x)|^p \quad \text{mit } A = \{x \mid \psi(x) \neq 0\}$$

konvergieren soll, gibt es für jedes n höchstens endlich viele
$|\psi(x)|^p$, die größer als 2^{-n} sein können. Diese x-Werte lassen sich
dann für jedes n durchnumerieren, und wenn man n wachsen
läßt, werden so alle x aus A erfaßt. Die Indikatorfunktionen
$I_{[x,x]}$ bilden ein überabzählbares vollständiges Funktionensystem.

Dieser Raum $L^2(\mu, C)$ wurde von *J. v. Neumann* (1968, 1932),
S. 37 f) verwendet, um die Unabhängigkeit der Axiome für separable
Hilberträume zu zeigen. [48]

39. Die Untersuchung topologischer Vektorräume findet man z.B.
bei *A. P. Robertson, W. J. Robertson* (1967). Der Begriff „vollständig" ist definiert auf S. 68.
Der Raum $\widetilde{E}$ ist bei der Norm $\|\psi\|_q$ i.a. nicht vollständig.
Wenn man ihn in der bekannten Weise durch den Übergang zu den
Klassen äquivalenter Cauchyfolgen vervollständigt, erhält man für
jedes $q \geq 1$ jeweils einen vollständigen normierten topologischen
Raum $\widetilde{E}^{(q)}$. Diese Räume können für verschiedene q verschieden
sein und stimmen gerade mit den Integrationsräumen $\widetilde{L}^q(\mu, C)$
aller q-fach integrierbarer Funktionen überein, wenn man die fast
überall gleichen Funktionen identifiziert hat (vgl. Anm. 37). Man
erkennt hieran, daß sich die Räume $\widetilde{L}^q(\mu, C)$, als Mengen betrachtet, für verschiedene q nur durch die zu $\widetilde{E}$ hinzugefügten Mengen
der Häufungspunkte unterscheiden können. Man hätte auch einen
natürlichen Vektorraum E_0 definieren können als endliche Linearkombinationen von Indikatorfunktionen eines die σ-Algebra G
erzeugenden Mengenrings R. Ein Mengenring ist eine nichtleere
Klasse von Teilmengen einer Menge, in der mit zwei ihrer Mengen
die Vereinigung, der Durchschnitt und die Differenz Elemente der
Klasse sind. Ein Mengenring wird oft auch Mengenkörper genannt.
Mit den Verknüpfungen $A \cap B$ als Multiplikation und
$A \triangle B = A \cup B - A \cap B$ als Addition bildet ein Mengenring einen

Ring im Sinn der Algebra. Ist auch Ω Element dieser Klasse, ist ein Mengenring eine Boolesche Algebra. Bei dem hier betrachteten σ-endlichen Maß μ_G ist es leicht möglich, einen Mengenring $\mathbf{R}$ anzugeben, der die σ-Algebra $\mathbf{G}$ erzeugt und dessen Mengen bis auf die leere Menge ein endliches positives Maß haben. Ein solcher Ring ist z.B. bei $G \subset R^1$ mit $G - M \neq \emptyset$ gegeben durch die endlichen Teilmengen der Eigenwerte, vereinigt mit endlichen Vereinigungen endlicher rechts halboffener Teilintervalle von $G - M$. Dann sind alle Elemente aus E_0 integrierbar bzw. q-fach integrierbar, und $\|\psi\|_q$ ist sogar eine Norm. Nun kann man zu jedem Element A endlichen Maßes oder von dem Mengenring erzeugten σ-Algebra und jedes positive ϵ ein Element B des Ringers $\mathbf{R}$ angeben (nach *E. Hopf* (1937), S. 4), so daß das Maß von $A \triangle B = A \cup B - A \cap B$ kleiner als ϵ wird, also gilt

$$\mu_G (A \triangle B) = \int |I_A - I_B|^q \, d\mu_G < \epsilon \, .$$

Betrachtet man dieses ϵ als die q-te Potenz eines vorgegebenen $\epsilon' > 0$, erhält man also zu beliebigem $\epsilon' > 0$ und für jede Menge A endlichen Maßes der σ-Algebra $\mathbf{G}$ eine Menge B des Ringes $\mathbf{R}$ mit

$$\|I_A - I_B\|_q = \left(\int |I_A - I_B|^q \, d\mu_G \right)^{\frac{1}{q}} < \epsilon' \, .$$

Deshalb läßt sich I_A durch eine Cauchyfolge von Elementen aus E_0 beliebig annähern, und der mit der Norm $\|\psi\|_q$ vervollständigte Raum $\widetilde{E_0}^{(q)}$ ist gleich dem Raum

$$\widetilde{E^{(q)}} = \widetilde{L}^q(\mu_G, C) \, .$$

Die Indikatorfunktionen, die zu den Mengen endlichen Maßes gehören, die zwar in $\mathbf{G}$, aber nicht in $\mathbf{R}$ liegen, erhält man so als Häufungspunkte von Elementen aus E_0. Die hier nach *E. Hopf* (1937) zitierte Aussage findet man meist nicht in den elementaren Lehrbüchern. Sie ist aber für die praktische Rechnung in Integrationsräumen von großer Bedeutung (vgl. z.B. Anm. 47). Deshalb soll hier ein Beweis angegeben werden. Nach der Definition des äußeren Maßes in dem Fortsetzungssatz von Caratheodory (vgl.

z.B. *H. Bauer* (1974), S. 31) gilt für eine meßbare Menge A endlichen Maßes

$$\mu_G(A) = \inf\left\{ \sum_{n=1}^{\infty} \mu_G(A_n) \middle| A_n \text{ Folgen mit } A_n \in \mathbf{R} \text{ und } \bigcup_{n=1}^{\infty} A_n \supset A \right. .$$

Deshalb gibt es zu beliebigem $\frac{\epsilon}{2} > 0$ eine Folge paarweise disjunkter Mengen A_n des Ringes $\mathbf{R}$ mit

$$\bigcup_{n=1}^{\infty} A_n \supset A, \quad \mu_G(A) \leq \sum_{n=1}^{\infty} \mu_G(A_n) < \mu_G(A) + \frac{\epsilon}{2}.$$

Es ist $\sum\limits_{n=1}^{\infty} \mu_G(A_n)$ eine konvergente Reihe mit positiven Summanden. Also gibt es zu $\frac{\epsilon}{2} > 0$ ein N_0 mit $\sum\limits_{n=N_0+1}^{\infty} \mu_G(A_n) < \frac{\epsilon}{2}$.

Es ist $B = \bigcup\limits_{n=1}^{N_0} A_n$ ein Element des Ringes $\mathbf{R}$ mit der gewünschten Eigenschaft:

Mit

$$A = A \cap \left(\bigcup_{n=1}^{\infty} A_n \right) = A \cap \left(\bigcup_{n=1}^{N_0} A_n \cup \bigcup_{n=N_0+1}^{\infty} A_n \right)$$

$$= \left(A \cap \bigcup_{n=1}^{N_0} A_n \right) \cup \left(A \cup \bigcup_{n=N_0+1}^{\infty} A_n \right)$$

gilt also

$$\mu_G(A) = \mu_G\left(A \cap \bigcup_{n=1}^{N_0} A_n \right) + \mu_G\left(A \cap \bigcup_{n=N_0+1}^{\infty} A_n \right)$$

$$\leq \mu_G(A \cap B) + \mu_G\left(\bigcup_{n=N_0+1}^{\infty} A_n \right)$$

$$= \mu_G(A \cap B) + \sum_{n=N_0+1}^{\infty} \mu_G(A_n) < \mu_G(A \cap B) + \frac{\epsilon}{2},$$

bzw.

$$-\mu_G(A \cap B) < -\mu_G(A) + \frac{\epsilon}{2}.$$

Für Mengen endlichen Maßes $C \supset D$ gilt immer

$$\mu_G(C - D) = \mu_G(C) - \mu_G(D) .$$

Dann folgt also

$$\mu_G(A \,\triangle\, B) = \mu_G(A \cup B - A \cap B) = \mu_G(A \cup B) - \mu_G(A \cap B)$$

$$< \mu_G\left(A \cup \bigcup_{n=1}^{\infty} A_n\right) - \mu_G(A) + \frac{\epsilon}{2}$$

$$= \mu_G\left(\bigcup_{n=1}^{\infty} A_n\right) - \mu_G(A) + \frac{\epsilon}{2}$$

$$= \sum_{n=1}^{\infty} \mu_G(A_n) - \mu_G(A) + \frac{\epsilon}{2} < \frac{\epsilon}{2} + \frac{\epsilon}{2} = \epsilon . \quad [48]$$

40. Eine (hermitesche) Bilinearform $H(x, y)$ ($= \overline{H(y, x)}$) auf einem Vektorraum V über dem Körper der komplexen Zahlen ist für alle Paare (x, y) aus $V \times V$ oder alle Paare einer in V dichten linearen Teilmenge eine Abbildung in den Körper der komplexen Zahlen mit der Eigenschaft

$$H(x_1 + \alpha x_2, y_1 + \beta y_2) = H(x_1, y_1) + \overline{\alpha} H(x_2, y_1)$$
$$+ \beta H(x_1, y_2) + \overline{\alpha} \beta H(x_2, y_2) .$$

Im Unterschied zu einem reellen Vektorraum wird durch eine quadratische Bilinearform $H(x, x)$ sowohl der hermitesche als auch der antihermitesche Anteil bestimmt, während durch eine quadratische Bilinearform in einem reellen Vektorraum nur der symmetrische Anteil bestimmt wird. Dies geschieht mit dem folgenden Rechentrick, den man wohl in jedem Buch über den Hilbertraum findet (z.B. auch bei *J. v. Neumann*, S. 50): Es gilt

$$H(x + y, x + y) = H(x, x) + H(y, x) + H(x, y) + H(y, y) ,$$
$$H(x + iy, x + iy) = H(x, x) - iH(y, x) + iH(x, y) + H(y, y) ,$$

bzw.

$$H(y, x) + H(x, y) = H(x + y, x + y) - H(x, x) - H(y, y) ,$$
$$H(y, x) - H(x, y) = i[H(x + iy, x + iy) - H(x, x) - H(y, y)] .$$

Man erhält also

$$H(x, y) = \frac{1}{2}\{H(x + y, x + y) - H(x, x) - H(y, y)$$
$$- i[H(x + iy, x + iy) - H(x, x) - H(y, y)]\} .$$

Damit wird $H(x, y)$ ausgedrückt durch eine Linearkombination von Formen $H(z, z)$. Man erkennt, daß diese Umformungen möglich sind, weil im Unterschied zum reellen für die Bilinearform gilt $H(ix, y) = -iH(x, y) = -H(x, iy)$. [48]

41. Von den in der Anm. 37 genannten Räumen $\widetilde{L}^p(\mu, C)$ können also die Räume $\widetilde{L}^2(\mu, C)$ als Hilberträume aufgefaßt werden. Die Integrationsräume unterscheiden sich etwas von den Hilberträumen, da man in den Integrationsräumen neben der Schwarzschen Ungleichung auch noch die etwas schärfere Höldersche Ungleichung

$$\|\varphi\psi\|_1 = \|\overline{\varphi}\psi\|_1 \leqslant \|\varphi\|_2 \|\psi\|_2$$

verwenden kann. Die Schwarzsche Ungleichung erhält man ja erst hieraus mit der weiteren Ungleichung

$$|(\varphi, \psi)| = \left|\int \overline{\varphi}\psi \, d\mu\right| \leqslant \int |\overline{\varphi}\psi| \, d\mu = \|\varphi\psi\|_1 \ .$$

Trotzdem sind die entsprechenden Aussagen über beschränkte lineare Funktionale auch in Hilberträumen sinnvoll, nicht nur in Integrationsräumen. In einem Hilbertraum läßt sich die Schwarzsche Ungleichung in der üblichen Weise aus $(\psi, \psi) \geqslant 0$ erhalten.

Für festgehaltenes φ ist (φ, ψ) für variables ψ ein lineares Funktional des Hilbertraums, das wegen der Schwarzschen Ungleichung

$$|(\varphi, \psi)| \leqslant \sqrt{(\varphi, \varphi)} \sqrt{(\psi, \psi)} = C \sqrt{(\psi, \psi)}$$

beschränkt ist mit einer nur von φ abhängigen Schranke C.

Von dieser Aussage gilt auch die Umkehrung:

Für jedes beschränkte lineare Funktional $L(\psi)$ existiert ein Hilbertraumelement φ mit

$$L(\psi) = (\varphi, \psi) \, .$$

Dieses Hilbertraumelement ist eindeutig, da aus

$$(\varphi_1, \psi) = L(\psi) = (\varphi_2, \psi)$$

folgt $(\varphi_1 - \varphi_2, \psi) = 0$ für alle ψ, also insbesondere für $\psi = \varphi_1 - \varphi_2$.

Also ist $\varphi_1 - \varphi_2$ der Nullvektor. Dieser Satz gilt nicht nur für separable Hilberträume. Aber es ist wichtig, daß der Hilbertraum bei der Norm $\|\varphi\|_2 = \sqrt{(\varphi, \varphi)}$ abgeschlossen (vollständig) ist, was auch eine der wichtigen Eigenschaften der Räume $\widetilde{L}^2(\mu, C)$ ist.

Da dieser Satz häufig nur für separable Hilberträume bewiesen wird, soll hier ein ausführlicher Beweishinweis (nach *Robertson* (1967), S. 34 f) gegeben werden. Jedes lineare Funktional $L(\psi)$ eines Vektorraums, das nicht identisch Null ist, definiert durch

$$H = \{\psi \mid L(\psi) = 0\}$$

einen echten Untervektorraum H, der mit einem weiteren Vektor, der nicht in H liegt, den gesamten Vektorraum aufspannt. Deshalb heißt dieser Vektorraum auch Hyperebene durch den Nullpunkt. Ist nämlich $\psi' \notin H$, ist $L(\psi') \neq 0$. Daher kann man

$$\psi_H = \psi - \frac{L(\psi)}{L(\psi')} \, \psi'$$

bilden. Wegen $L(\psi_H) = 0$ liegt dieser Vektor in H. Wegen

$$\psi = \psi_H + \frac{L(\psi)}{L(\psi')} \, \psi'$$

läßt sich also jedes ψ als Linearkombination des Vektors ψ' mit einem Vektor ψ_H aus H schreiben. Umgekehrt ist ein lineares Funktional durch H und den von Null verschiedenen Wert für ein $\psi' \notin H$ eindeutig für alle ψ bestimmt. Es seien also L_1 und L_2 lineare Funktionale, die die gleiche Hyperebene H definieren und für die gilt $L_1(\psi') = L_2(\psi') \neq 0$ für ein bestimmtes $\psi' \notin H$. Es gilt also

$$\psi = \psi_{H1} + \frac{L_1(\psi)}{L_1(\psi')} \, \psi' , \quad \psi = \psi_{H2} + \frac{L_2(\psi)}{L_1(\psi')} \, \psi' ,$$

bzw.

$$\psi_{H1} - \psi_{H2} = [L_2(\psi) - L_1(\psi)] \, \frac{1}{L_1(\psi')} \, \psi' .$$

Links steht die Differenz zweier Elemente aus der gemeinsamen Hyperebene H, also ein Element aus H, rechts ein Element, das proportional zu dem nicht in H liegenden Vektor ψ' ist. Wegen $L_{1,2}(\lambda\psi') = \lambda L_{1,2}(\psi') \neq 0$ für $\lambda \neq 0$ liegt dieser Vektor genau dann in H, wenn der Proportionalitätsfaktor gleich Null ist. Wegen $L_1(\psi') \neq 0$ ist also $L_1(\psi) = L_2(\psi)$ für alle ψ. Betrachtet man das Funktional (φ, ψ) für festes φ, erkennt man, daß H gerade durch alle zu $\varphi \, (\neq 0)$ orthogonalen Elemente des Vektorraums gegeben ist. Umgekehrt benötigt man also zur Bestimmung von φ

aus $L(\psi)$ einen zu H orthogonalen Vektor, der ungleich Null ist. Dies ist auch in einem nicht notwendig separablen Hilbertraum möglich, wenn H ein abgeschlossener (echter) Teilraum ist und nicht dicht ist im Vektorraum. Dies ist der Fall, wenn $L(\psi)$ beschränkt (stetig) ist. Einen ausführlichen Beweis kann man finden in *G. Hellwig* (1964), S. 20, S. 181, S. 185. Auf der Seite 19 wird zwar vorausgesetzt, daß „weiterhin nur noch vollständige Hilbertsche Räume betrachtet werden, die zusätzlich separabel sind", doch geht die letzte Eigenschaft bei den zitierten Beweisen nicht ein. [49]

42. vgl. *H. Bauer* (1974), S. 88, Lemma 17.6:
Genau dann ist das Maß μ σ-endlich, wenn es eine μ-integrierbare Funktion h auf Ω gibt mit

$$0 < h(x) < + \infty \text{ für alle } x \in \Omega .$$

Das durch h definierte Maß $\nu_h(A) = \int I_A h \, d\mu$ ist endlich, da h integrierbar ist, und hat die gleichen Nullmengen wie μ. [49]

43. Es gilt $\mu_\psi^f(\emptyset) = 0$ und

$$\mu_\psi^f(A) = \sum_j f(|\alpha^j|) \mu_G (A \cap A^j) \leqslant \sum_j f(|\alpha^j|) \mu_G (\Omega \cap A^j)$$

$$= \mu_\psi^f(\Omega) .$$

Ist B^k eine Folge paarweise disjunkter meßbarer Mengen, gilt

$$\mu_\psi^f \left(\bigcup_k B^k \right) = \sum_j f(|\alpha^j|) \mu_G \left(\bigcup_k B^k \cap A^j \right)$$

$$= \sum_j f(|\alpha^j|) \mu_G \left(\bigcup_k (B^k \cap A^j) \right)$$

$$= \sum_j f(|\alpha^j|) \sum_k \mu_G (B^k \cap A^j)$$

$$= \sum_{j,\, k} f(|\alpha^j|) \mu_G (B^k \cap A^j) = \sum_k \mu_\psi^f(B^k) .$$

Es gibt hier einen interessanten Zusammenhang zwischen den
Maßen μ_ψ^f und der in den „punktfreien" Darstellungen der Wahrscheinlichkeitstheorie (vgl. Anm. 21 und *D. A. Kappos* (1969),
S. 16) eingeführten Metrik für die Wahrscheinlichkeitsalgebren.
Diese Metrik ist besonders wichtig für den Übergang von der Algebra zur zugehörigen σ-Algebra. Wir wählen zwei endliche Indikatorfunktionen I_A und I_B und bilden

$$\mu_{I_A - I_B}^f(\Omega) = \int f(|I_A - I_B|)\, d\mu_G = \int f(|I_{A \cap \complement B} - I_{\complement A \cap B}|)\, d\mu_G$$

$$= \int f(1)\, (I_{A \cap \complement B} + I_{\complement A \cap B})\, d\mu_G$$

$$= f(1)\, [\mu_G(A \cap \complement B) + \mu_G(\complement A \cap B)$$

$$= f(1)\, \mu_G(A \,\triangle\, B)\,.$$

Hier bedeutet $A \,\triangle\, B$ die symmetrische Differenz der Mengen
(Ereignisse) A und B: $A \,\triangle\, B = A \cup B - A \cap B$. Wenn man durch
Normieren zum W-Maß übergeht, erhält man gerade die von
D. A. Kappos (1969) eingeführte Metrik für die Wahrscheinlichkeits-
algebra. Es liegt also nahe, durch

$$d(\psi_1, \psi_2) = \int f(|\psi_1 - \psi_2|)\, d\mu_G$$

für ganz E eine Pseudo-Metrik zu definieren. Bekanntlich ist für
eine Menge M eine Pseudo-Metrik eine symmetrische Abbildung d
von M × M in die nichtnegativen reellen Zahlen (Abstandsfunk-
tion), für die die Dreiecksungleichung gilt:

$$d(x, z) \leqslant d(x, y) + d(y, z)\,.$$

Ist $d(x, y) = 0$ gleichwertig mit $x = y$, nennt man die Pseudo-
Metrik eine Metrik. Nur die Dreiecksungleichung läßt sich mit
den bisherigen Voraussetzungen für f nicht beweisen. Fordert man,
daß f monoton wachsend ist und außerdem gilt

$$f(x_1 + x_2) \leqslant f(x_1) + f(x_2)\,,$$

kann man die Dreiecksungleichung für $d(\psi_1, \psi_2) = \int f(|\psi_1 - \psi_2|)\, d\mu_G$
beweisen. Wendet man hierauf eine geeignete Funktion g an, die
für Null gleich Null ist, kann man auch versuchen, $\tilde{d}(\psi_1, \psi_2) =$
$= g(\int f(|\psi_1 - \psi_2|)\, d\mu_G)$ als Pseudo-Metrik zu verwenden. Wieder
macht für allgemeine Funktionen f und g nur die Dreiecksunglei-

chung Schwierigkeiten. Mit $f(x) = x^q$ und $g(x) = x^{1/q}$ gelangt man so zu den bekannten Integrationsräumen L^q bzw. $\widetilde{L}^q$. In diesen Räumen soll für μ_ψ^f geschrieben werden $\mu_\psi^{(q)}$. Die Räume mit allgemeineren Funktionen f sollen als L^f geschrieben werden. Mit der angegebenen (Pseudo-)Metrik kann man sie in der üblichen Weise vervollständigen. [50]

44. $$\mu_{\psi_1+\psi_2}^{(2)}(A) = \sum_j |\alpha^j|^2 \mu_G\left(A \cap A^j \cap \mathbb{C} \bigcup_k B^k\right) +$$

$$+ \sum_{j,k} |\alpha^j|^2 \, \mu_G(A \cap A^j \cap B^k)$$

$$+ \sum_{j,k} 2\,\mathrm{Real}(\alpha^j \bar\beta^k)\mu_G(A \cap A^j \cap B^k)$$

$$+ \sum_{k,j} |\beta^k|^2 \, \mu_G(A \cap A^j \cap B^k)$$

$$+ \sum_k |\beta^k|^2 \, \mu_G\left(A \cap \mathbb{C} \bigcup_j A^j \cap B^k\right)$$

$$= \sum_j |\alpha^j|^2 \left[\mu_G\left(A \cap A^j \cap \mathbb{C} \bigcup_k B^k\right)\right.$$

$$\left. + \mu_G\left(A \cap A^j \cap \bigcup_k B^k\right)\right]$$

$$+ {\sum_{j,k}}' 2\,\mathrm{Real}(\alpha^j \bar\beta^k)\,\mu_G(A \cap A^j \cap B^k)$$

$$+ \sum_k |\beta^k|^2 \left[\mu_G\left(A \cap \bigcup_j A^j \cap B^k\right)\right.$$

$$\left. + \mu_G\left(A \cap \mathbb{C} \bigcup_j A^j \cap B^k\right)\right]$$

$$= \sum_j |\alpha^j|^2 \, \mu_G (A \cap A^j) \;+\; \sum_k |\beta^k|^2 \, \mu_G (A \cap B^k)$$

$$+ \sum_{j,\,k} 2 \operatorname{Real}(\alpha^j \, \bar{\beta}^{\,k}) \mu_G (A \cap A^j \cap B^k). \quad [51]$$

45. vgl. z.B. *E. Hopf* (1937, 1970), S. 18, bzw. *J. v. Neumann* (1932, 1968), Kap. II, *G. Hellwig* (1964), S. 139, hier ist aber kein Beweis für die Spektraldarstellung enthalten, *W. Rudin* (1973), S. 305, 348. [51]

46. Im L^1 liegt eine weitere Definition nahe. Wenn $xf(x)$ in L^1 liegt, existiert

$$\int xf(x)\, d\mu = \langle 1, \mathrm{A}f \rangle .$$

Dies ist ein lineares Funktional, das für geeignete, fast überall nichtnegative f mit $\| f \|_1 = 1$ einen Erwartungswert liefert. [54]

47. Den natürlichen Banachraum $\bar{\bar{\mathrm{E}}}^{(q)}$ $(\mu_G = \mu_{G_1} \otimes \ldots \otimes \mu_{G_n}, \mathrm{C})$ kann man mit dem Tensorraum

$$\bar{\bar{\mathrm{E}}}^{(q)}(\mu_{G_1}, \mathrm{C}) \otimes \ldots \otimes \bar{\bar{\mathrm{E}}}^{(q)}(\mu_{G_n}, \mathrm{C}) \equiv \overset{n}{\underset{i=1}{\otimes}} \, \bar{\bar{\mathrm{E}}}^{(q)}(\mu_{G_i}, \mathrm{C})$$

gleichsetzen. Zu den Räumen $(\Omega_i, \mu_{G_i}, G_i)$ definieren wir entsprechend der Anm. 39 die Vektorräume E_0^i als endliche Linearkombinationen von Indikatorfunktionen der Mengen der die σ-Algebra A_i erzeugenden Mengenringe R_i, deren Elemente bis auf die leere Menge ein endliches positives μ_{G_i}-Maß haben. Die disjunkten endlichen Vereinigungen von Mengen der Form

$$A_1 \times A_2 \times \ldots \times A_n \text{ mit } A_i \in R_i, \; \mu_{G_i}(A_i) < \infty$$

bilden einen entsprechenden Ring für

$$\left(\Omega_1 \times \ldots \times \Omega_n, \; \overset{n}{\underset{i=1}{\otimes}} \mu_{G_i}, \; \overset{n}{\underset{i=1}{\otimes}} A_i \right) .$$

Den entsprechend der Anm. 39 gebildeten zugehörigen Vektorraum nennen wir E_0. Bei Vektorräumen aus Funktionen pflegt man das Tensorprodukt der Funktionen mit der entsprechenden mehrdimensionalen Funktion zu identifizieren, die man durch das Produkt der Funktionswerte definieren kann:

$$(f_1 \otimes f_2 \ldots \otimes f_n)(x^1, x^2, \ldots, x^n) \equiv f_1(x^1)\, f_2(x^2) \ldots f_n(x^n) \; .$$

Da man schreiben kann

$$I_{A_1 \times \ldots \times A_n}(x^1, \ldots, x^n) = I_{A_1}(x^1) \ldots I_{A_n}(x^n)$$
$$= I_{A_1}(x^1) \otimes \ldots \otimes I_{A_n}(x^n) \; ,$$

werden nach der Definition des Tensorproduktes (vgl. z.B. *G. Gerlich* (1977)) die Räume $\overset{n}{\underset{i=1}{\otimes}} E_0^i$ und E_0 von den gleichen Vektoren aufgespannt, sind also gleich. Schließt man die Räume E_0^i mit den Normen $\| \psi^i \|_q$ ab, gilt also

$$\overset{n}{\underset{i=1}{\otimes}} \bar{E}^{i(q)} \supset \overset{n}{\underset{i=1}{\otimes}} E^i = E_0 \; .$$

Jeder Cauchyfolge ψ_k^i aus E_0^i bezüglich der Norm $\| \psi^i \|_q$ kann man mit fest gewählten ψ^j ($j \neq i$) durch $\psi^1 \otimes \ldots \otimes \psi_k^i \otimes \ldots \otimes \psi^n$ eine Cauchyfolge bezüglich der Norm $\| \psi \|_q$ auf E_0 zuordnen. Schließt man also E_0 bezüglich dieser Norm ab, erhält man

$$\overset{n}{\underset{i=1}{\otimes}} \bar{E}_0^{i(q)} \subset \bar{E}_0^{(q)} \; .$$

Bei weiterem Abschließen bleibt diese Inklusion erhalten, und wegen $\overset{n}{\underset{i=1}{\otimes}} \overline{\bar{E}^{i(q)}} \supset E_0$ gilt also

$$\overline{\overset{n}{\underset{i=1}{\otimes}} \bar{E}^{i(q)}} = \overline{\bar{E}_0^{(q)}} \; .$$

Wegen $\overline{E^{(q)}} = \bar{\tilde{E}}^{(q)}$ und $\overline{E^{i(q)}} = \bar{\tilde{E}}^{(q)}(\mu_{G_i}, C)$ läßt sich also der Banachraum $\bar{\tilde{E}}^{(q)}(\mu_G^0, C)$ mit dem entsprechenden Tensorprodukt identifizieren. Dies gilt insbesondere für $q = 2$ und damit für die entsprechenden Hilберträume. [54]

48. *G. Ludwig* (1970), insbesondere S. 183 ff. [57]

49. vgl. Ende der Anm. 43. [59]

50. Dieser Term wird von *P. Mittelstaedt* (1973) diskutiert, um
die Beziehungen zwischen Quantenlogik, quantenlogischer Wahrscheinlichkeitstheorie, klassischer Wahrscheinlichkeitstheorie und
Kopenhagener Deutung darzulegen. [64]

51. Man erkennt, daß der Interferenzterm auftreten kann, da die
Übergangswahrscheinlichkeit nicht als nachträglich normierte
Linearform proportional zu

$$\int P_{A_p} \, U(I_{A_{p-1}}) \, d\mu_{G_p}$$

mit einer geeigneten linearen Abbildung U angesetzt wurde, wie
es im $\widetilde{L}^1$ auch möglich gewesen wäre (vgl. Anm. 46), sondern proportional zu einem Maß $\mu_\psi^{(q)}$, [64]

52. Dieser Begriff des „Zustands" ist von dem in (AH 2) und
(AH 3) definierten zu unterscheiden. Da hier der vorne definierte
Begriff weiterhin verwendet werden soll, wird der quantenmechanische „Zustand" durch Gänsefüßchen gekennzeichnet. Für Literatur
zur Spektraldarstellung vgl. Anm. 45. [72]

53. Es gilt, wenn ψ_i ein vollständiges Orthonormalsystem von
H_0 ist:

$$W(\Delta b, \Delta \lambda) = \sum_k w_k \left(\varphi_{bk}, P_{[\lambda_1, \lambda_2[} \varphi_{bk}\right)$$

$$= \sum_k w_k \left(\varphi_{bk}, P_{[\lambda_1, \lambda_2[} \sum_i \psi_i (\psi_i, \varphi_{bk})\right)$$

$$= \sum_{i,k} w_k \left(\varphi_{bk} \overline{(\psi_i, \varphi_{bk})}, P_{[\lambda_1, \lambda_2[} \psi_i\right)$$

$$= \sum_{i,k} w_k \left(P_{\varphi_{bk}} \psi_i, P_{[\lambda_1, \lambda_2[} \psi_i\right)$$

$$= \sum_i \left(\psi_i, \sum_k w_k P_{\varphi_{bk}} P_{[\lambda_1, \lambda_2[} \psi_i\right)$$

$$= \sum_i \left(\psi_i, \rho \, P_{[\lambda_1, \lambda_2[} \psi_i\right). \quad [75]$$

54. Mit der Voraussetzung der Anm. 53 gilt:

$$\sum_i (\psi_i, \rho\,\psi_i) = \sum_{i,k} w_k\,(\psi_i, P_{\varphi_b k}\,\psi_i) = \sum_{i,k} w_k\,(\psi_i, \varphi_b k\,(\varphi_b k, \psi_i))$$

$$= \sum_{i,k} w_k(\psi_i, \varphi_b k)\,(\varphi_b k, \psi_i) = \sum_k w_k\,(\varphi_b k, \varphi_b k)$$

$$= \sum_k w_k = 1 \,.\ [75]$$

55. Man kann diese Formel auch in der Form

$$\overline{W}_b([\lambda_1, \lambda_2[) = \frac{Sp(P_{[b,b]}\,P_{[\lambda_1,\lambda_2[})}{SpP_{[b,b]}}$$

schreiben, wobei $P_{[b,b]} = \overset{m}{\underset{k=1}{\Sigma}}\, P_{\varphi_b^k}$ der Projektionsoperator ist zu

dem von den φ_b^k aufgespannten Unterraum. Die Spur eines Projektionsoperators ist gleich der Dimension des zugehörigen Unterraums. Deshalb ist eine Erweiterung dieser Formel z.B. der Art

$$\overline{W}_{\Delta b}([\lambda_1, \lambda_2[) = \frac{Sp(P_{\Delta b}P_{[\lambda_1,\lambda_2[})}{SpP_{\Delta b}}$$

für den Fall, daß in Δb ein Teil des kontinuierlichen Spektrums von B liegt, nicht möglich, egal wie groß das Intervall des kontinuierlichen Spektrums ist. Denn zu $P_{\Delta b}$ gehört dann immer ein unendlich-dimensionaler Teilraum von H_0. Der Ausdruck für $\overline{W}_{\Delta b}$ ist deshalb auch beim Verkleinern von Δb unbestimmt, solange der zu $P_{\Delta b}$ gehörende Teilraum unendlich-dimensional ist. Dieser Ausdruck $\overline{W}_{\Delta b}$ wird „sprunghaft" ein bestimmter Ausdruck mit $w_k = 1/m = 1/SpP_{\Delta b}$, wenn der zugehörige Teilraum die Dimension m hat.

Nach (AH 6) und (AH 7) ist die Möglichkeit, bei einem Modell mit unendlich vielen Ereignissen unendlich viele Alternativen zusammenzufassen, auch für die Ereignisse in der Bedingung eine wesentliche Forderung. Insbesondere sollte eine solche Formel für die Übergangswahrscheinlichkeit auch für das kontinuierliche Spektrum gültig sein, da man es nach den Ausführungen bei (AH 9) und

(AH 10) als das „natürliche Spektrum" bezeichnen sollte, da die
Werte des diskreten Spektrums M eigentlich für wiederholbare
Messungen eine Konvention sind. Diese Schwierigkeiten konnten
erst dadurch ausgeräumt werden, daß ich den „natürlichen" Hilbertraum einführte, in dem eine Indikatorfunktion nicht nur als Projektionsoperator sondern auch als Hilbertraumelement aufgefaßt
werden kann. Dadurch hat man zur Beschreibung des kontinuierlichen Spektrums den eindimensionalen Vektorraum zur Verfügung,
der von der Indikatorfunktion aufgespannt wird, und den eventuell
unendlich-dimensionalen Vektorraum, der zu dem zugehörigen Projektionsoperator gehört. [76]

56. Man nennt ein solches Maß ν stetig bezüglich des Maßes μ
bzw. kurz μ-stetig und schreibt dafür auch $\nu \ll \mu$ (vgl. z.B.
H. Bauer (1974), S. 89).

Diese Eigenschaft müßte eigentlich für alle quantenmechanischen
Operatoren gezeigt werden. Mir sind keine anderen bekannt (vgl.
dafür *T. Kato* (1966), S. 518). Bei einem solchen pathologischen
Operator werden gewissen μ_L-Nullmengen, die also sicher keine
endlichen Intervalle enthalten und auch nicht eine abzählbare
Vereinigung von Punkten sind, eine positive Wahrscheinlichkeit
zugeordnet. Solche Ereignisse wurden bei (AH 10) und (AH 11)
als mögliche Ereignisse ausgeschlossen. Entsprechendes gilt für die
auf S. 76/77 gegebene Bestimmung des Spektrums. Es gibt sicher
selbstadjungierte Operatoren, deren Spektrum man nicht auf so
einfache Weise kennzeichnen kann. Das angegebene Verfahren
arbeitet nur, wenn das Spektrum die einfache durch (AH 10) und
(AH 11) gegebene Form hat. Es ist zu beachten, daß das übliche
über die Resolvente definierte Spektrum nicht G, sondern $\overline{M} \cup S$
ist. Untersuchungen der Eigenschaften der Spektren von Operatoren findet man in Büchern über Funktionalanalysis (z.B. *T. Kato*
(1966), *W. Rudin* (1973), *M. Reed/B. Simon* (1972)); dort wird
auch dargestellt, wie im Fall des entarteten Spektrums die Integrationsräume aufgebaut sind, in denen die Operatoren zu Multiplika-
toren werden. Man könnte diese allgemeineren Fälle durch eine
Erweiterung bei der Definition von μ_G natürlich auch berücksichtigen. Nur ist es mir nicht gelungen, hierfür plausible Argu-
mente zu finden. [77]

57. Satz von *Radon-Nikodym* nach *H. Bauer* (1974) (Satz 17.10, S. 91 mit Def. 17.7, S. 89, S. 88 unten, S. 34 f):

Es seien μ und ν Maße auf einer σ-Algebra **A** einer Menge Ω. Ist dann μ σ-endlich (vgl. Anm. 30), so sind folgende Aussagen äquivalent:

  I. ν besitzt eine Dichte bezüglich μ,
II. ν ist μ-stetig.

ν besitzt eine Dichte bezüglich μ, wenn es eine **A**-meßbare numerische Funktion $f \geqslant 0$ auf Ω gibt mit $\nu = f \circ \mu$ bzw.

$$\nu(A) = \int I_A f \, d\mu . \quad [77]$$

58. Bei den „typisch quantenmechanischen" Phänomenen wird der natürliche Hilbertraum anstelle von H_0 meist ohne besondere Bemerkung verwendet: Der halbzahlige Spin wird in der Regel mit einem Integrationsraum L^2 der Menge $G = M = \{-\hbar/2, \hbar/2\}$ beschrieben, der ein zweidimensionaler unitärer Raum ist. Entsprechend ist es bei den Polarisationszuständen: Es ist ein dreidimensionaler Integrationsraum L^2 der Menge $G = M = \{-\hbar, 0, \hbar\}$. [77]

59. Dies führt auf das Problem der Objektivierbarkeit und Nichtobjektivierbarkeit physikalischer Eigenschaften, was mit dem gleichen Beispiel ausführlich dargestellt wird von *P. Mittelstaedt* (1973). [80]

60. Bei dieser Formel liegt eine Erweiterung nahe, wie sie auf S. 58 mit den Alternativen in der Entscheidung durchgeführt wurde, indem man setzt

$$q(A_{p-1}; A_p) =$$

$$= \sum_K w_K \frac{\left(U\left(\sum_{i \in K} I_{A_{p-1}^i} \cap A_{p-1} \right), P_{A_p} U\left(\sum_{i \in K} I_{A_{p-1}^i} \cap A_{p-1} \right) \right)}{\left(U\left(\sum_{i \in K} I_{A_{p-1}^i} \cap A_{p-1} \right), U\left(\sum_{i \in K} I_{A_{p-1}^i} \cap A_{p-1} \right) \right)}$$

[80]

61. Bei *J. v. Neumann* (1932, 1968) wurden (nach S. 157 f) solche
allgemeinen Dichteoperatoren zugelassen. In den modernen Darstellungen der Quantentheorie wird meist bei dem Dichteoperator

$$\rho\,\psi = \sum_k w_k\,P_{\varphi_k}\,\psi = \sum_k w_k\,\varphi_k\,(\varphi_k,\,\psi)\quad\text{mit } w_k \geqslant 0,$$

$$\sum_k w_k = 1$$

verlangt, daß φ_k ein Orthonormalsystem ist. Dies ist bei dem angegebenen Dichteoperator ρ_S nicht der Fall. Doch dies ist nicht
wesentlich. Da ρ_S vollstetig ist, kann man ihn mit neuem w_k'
immer in der spezielleren Form schreiben. Dann werden die w_k'
eindeutig, aber die $\widetilde{\varphi}_k$ bekommen eine unübersichtliche Bedeutung
(nach *J. v. Neumann* (1932, 1968), S. 174 f).
Mit den hier gebrachten Begriffen kann man die Darstellbarkeit des
Dichteoperators mit einem Orthonormalsystem leicht in der folgenden Weise einsehen: Da der Operator ρ_S ein beschränkter hermi-
tescher Operator ist, besitzt er eine Spektraldarstellung

$$(\psi,\,\rho_S\varphi) = \int \lambda\,d_\lambda\,(\psi,\,E_\lambda\,\varphi)\,.$$

Wenn $[\lambda_1,\,\lambda_1 + \Delta\lambda]$ mit $\Delta\lambda > 0$ ein Stück des kontinuierlichen
Spektrums ist, ist der zu dem Projektionsoperator

$$P_{[\lambda_1,\lambda_1 + \Delta\lambda]} = \lim_{\substack{\epsilon \to 0 \\ \epsilon > 0}} E_{\lambda_1 + \Delta\lambda + \epsilon} - E_{\lambda_1}$$

gehörende Unterraum unendlich-dimensional. Im natürlichen Hilbertraum ist dies trivial, sonst läßt es sich auch zeigen. Ebenfalls ist
der zu dem Projektor

$$P_{[\lambda_1 + \delta,\lambda_1 + \Delta\lambda]}$$

gehörende Unterraum für $0 < \delta < \Delta\lambda$ unendlich-dimensional.
Aus $(\psi,\,\rho_S\psi) \geqslant 0$ für beliebige ψ folgt $\lambda_1 \geqslant 0$. Wenn ψ_i ein
(abzählbares) Orthonormalsystem aus dem zu $P_{[\lambda_1 + \delta,\lambda_1 + \Delta\lambda]}$
gehörenden Unterraum ist, gilt deshalb, indem man sich dieses
Orthonormalsystem zu einem vollständigen Orthonormalsystem
des Hilbertraums fortgesetzt denkt,

$$\mathrm{Sp}(\rho_S) \geqslant \sum_{i=1}^{n} \int \lambda\,d_\lambda\,(\psi_i, E_\lambda \psi_i) \geqslant \sum_{i=1}^{n} (\lambda_1 + \delta) \int_{\lambda_1 + \delta}^{\lambda_1 + \Delta\lambda} d_\lambda\,(\psi_i, E_\lambda \psi_i)$$

$$\geqslant \delta n\,.$$

Da n beliebig groß gewählt werden kann, ist also $\mathrm{Sp}(\rho_S) = 1$ nicht möglich, wenn der Operator teilweise ein kontinuierliches Spektrum hat. Wegen $0 \leqslant (\psi, \rho_S \psi) \leqslant 1$ für beliebige normierte ψ hat also ρ_S ein reines Punktspektrum mit nichtnegativen Eigenwerten $\lambda^k \leqslant 1$, und es gilt

$$E_\lambda = \sum_{\lambda^k < \lambda} P_{\varphi_\lambda k}\,.$$

Diese $\varphi_{\lambda k}$ sind für verschiedene λ^k orthogonal und können für entartete λ^k orthogonal gewählt werden. Wegen

$$\rho_S = \int \lambda\,dE_\lambda = \sum_k \lambda^k P_{\varphi_\lambda k}$$

erhält man so für jeden Dichteoperator mit $\mathrm{Sp}(\rho_S) = 1$ eine Darstellung mit orthonormierten $\varphi_{\lambda k}$, wobei gilt

$$\sum_k \lambda^k = 1 \quad \text{mit } \lambda^k \geqslant 0.\ [80]$$

62. Dies wird ausführlich dargelegt von *G. Ludwig* (1970), insbesondere S. 220 ff. [81]

63. *G. W. Mackey* (1963), S. 71, Axiom VII. [87]

64. *G. W. Mackey* (1963) mit Fußnote: *G. Birkhoff* and *J. v. Neumann* (1936): The Logic of Quantum Mechanics, Annals of Math. 37, 835. Um Fehlinterpretationen bei Verwendung des Wortes „Logik" zu vermeiden, bevorzugt *J. M. Jauch* (1973) (vgl. insbesondere S. 67, 77) die Bezeichnung „set of propositions". [87]

65. Man kann diese Beziehungen für F beweisen, wenn man sie für

$$F_k(L) = (\varphi_k, P_L \varphi_k)$$

beweist und dann mit w^k summiert. [87]

66. *A. M. Gleason* (1957): Measures on the closed subspaces of
a Hilbert space, Journal of Mathematics and Mechanics **6**,
885–893, vgl. auch *G. W. Mackey* (1963), S. 74 f. [88]

67. Ein wesentlicher Unterschied der Darstellungen von
G. W. Mackey (1963) und *G. Ludwig* (1970) besteht darin, daß
G. Ludwig darauf verzichtet, für beliebige Effektteile die Existenz
gewisser Präparierteile zu fordern, für die der Dichteoperator die
besonders einfache Form $\rho = P_\varphi$ hat. Dies wird bei *G. W. Mackey*
in Axiom VIII gefordert. Sie werden „reine Zustände" genannt,
J. v. Neumann (1932, 1968) (S. 170) nennt sie „einheitliche
Gesamtheiten". In der hier gebrauchten Sprechweise liegt dann
ein „lineares Paar" vor, dessen Existenz nicht gefordert, sondern
als bequemes Modell betrachtet wird. Da die Literatur über diesen
Themenkreis sehr umfangreich ist, kann hier nicht auf alle wichtigen Darstellungen eingegangen werden. Ausführliche Literatur-
hinweise findet man bei *J. M. Jauch* (1973) und *E. Scheibe*
(1973). [89]

68. Die Berechnung der Übergangswahrscheinlichkeit mit der Spur
des Produkts des Dichteoperators mit einem Projektionsoperator
der Alternative in der Entscheidung ist formal an die Voraussetzung
gebunden, daß der natürliche Hilbertraum separabel ist, denn sonst
ist die Umformung

$$\sum_k w^k (\varphi_k, P_{A_p} \varphi_k) = \sum_{k,i} w^k (\varphi_k, P_{A_p} \psi_i (\psi_i, \varphi_k))$$

$$= \sum_i \left(\psi_i, \sum_k w^k P_{\varphi_k} P_{A_p} \psi_i \right) = \mathrm{Sp}(\rho P_{A_p})$$

mit abzählbar vielen ψ_i nicht ohne weiteres möglich. Man erkennt
aber auch, daß es reicht, daß die ψ_i eine Basis des von den φ_k
aufgespannten und dann abgeschlossenen linearen Teilraums sind,
der sicher separabel ist, da die φ_k höchstens abzählbar viele Vektoren sind. Erst wenn man ein Mittel über überabzählbar viele
orthonormierte φ_λ zuließe, käme man in Schwierigkeiten. Die
hier mit G und μ_G definierten natürlichen Hilberträume sind
separabel: Da die σ-Algebra $\mathbf{B}^1$ eine abzählbare Teilklasse E
umfaßt mit der Eigenschaft, daß jedes Element aus $\mathbf{B}^1$ bis auf

eine Menge vom μ_G-Maß Null eine abzählbare Vereinigung disjunkter Mengen aus E ist, spannen schon die zu E gehörenden endlichen Indikatorfunktionen den Raum $\widetilde{E}$ auf, dessen Abschluß der natürliche Hilbertraum ist. Aus diesen Indikatorfunktionen läßt sich dann ein vollständiges Orthonormalsystem konstruieren, das sicher höchstens abzählbar ist. Die Existenz der Teilklasse E erhält man für das Maß μ_L in der bekannten Weise durch die Quader mit rationalen Ecken (vgl. z.B. *E. Hopf* (1937, 1970), S. 26), die Punkte aus M mit dem μ_{AP}-Maß machen keine zusätzlichen Schwierigkeiten, da sie abzählbar sind. [89]

69. vgl. z.B. *E. T. Jaynes* (1963) bzw. *G. W. Mackey* (1963), S. 112. [91]

70. Daß viele typisch quantenmechanischen Phänomene (Spin, diskrete Energieniveaus usw.) gerade Probleme der a-priori-Wahrscheinlichkeit und der zugehörigen Maße sind, erkennt man besonders deutlich bei *G. W. Mackey* (1963) (insbesondere S. 55 ff, 112 ff). Nur wird bei ihm der Unterschied zwischen den Alternativen in der Bedingung und Entscheidung sprachlich ausgedrückt durch die Begriffe „Zustand" und „Fragen". [93]

71. vgl. z.B. *W. Heisenberg* (1930, 1958), bzw. *J. v. Neumann* (1932, 1968), S. 121 ff. [94]

72. Mit dem hier entwickelten Formalismus läge vielleicht eine andere Betrachtungsweise näher, bei der auf die Einführung der Geschwindigkeit verzichtet wird. Doch so hat man den Vorteil, einfacher an bekannte Begriffe anschließen zu können, ohne daß die wesentlichen Gesichtspunkte dieser Darstellung vernachlässigt werden. [95]

73. Es ist zu beachten, daß für das angegebene W-Maß das zweite Moment divergiert, wenn man die Verteilung nicht abschneidet. Es ist deshalb Δv nicht als Wurzel des zweiten Moments zu betrachten. [96]

74. Wenn man die gleiche Abbildung U für ein L^f-lineares Paar verwendet hätte, hätte man erhalten

$$q \sim \int f(\|I_{A_p} \psi_{A_{p-1}}\|)\, d\mu_L(v) = \int I_{A_p} f(|\psi_{A_{p-1}}|)\, d\mu_L(v)\,.$$

Statt $|\sin z/z|^2$ mit $z = \dfrac{m(v - v_0)(x_2 - x_1)}{2\hbar}$ stünde in der Formel
für die Übergangswahrscheinlichkeit $f(|\sin z/z|)$. [96]

75. vgl. z.B. die Kritik bei *J. v. Neumann* (1932, 1968), S. 14 f.
[97]

76. Dies ist möglich, indem man das Integral als lineares Funktional
in $\psi(x)$ und $u(a, x)$ betrachtet. [98]

77. Hier ist der bekannte Limes für die linearen Funktionale unter
dem Integral zu verwenden. Korrekterweise kann man dieses Grenz-
funktional eigentlich nicht als Lebesgue-Dichte schreiben. [99]

78. Dann ist aber zu vermuten, daß man mit geeignetem $g(v_0)$
auch L^f-lineare Paare mit $f(x) \neq x^2$ als Modelle verwenden könnte,
die die gefundenen Häufigkeitsverteilungen genügend annähern. Deshalb muß man die Verwendung des L^2-linearen Paares und damit die
Hilbertraumstruktur mehr als mögliche bequeme, denn als not-
wendige Struktur betrachten. Dies ist ein interessanter Punkt,
wenn man wie *G. Ludwig* (1970) nur mit allgemeinen Dichteoperatoren arbeitet, ohne besonderen Wert auf „reine Zustände",
einheitliche Gesamtheiten bzw. L^2-lineare Paare zu legen. [99]

79. vgl. hierfür auch Anm. 34. [100]

80. vgl. z.B. *E. Hopf* (1937, 1970), S. 18.
Der Satz von *M. H. Stone* wird hier auf einfache Weise auf den
Satz von *S. Bochner* zurückgeführt. Etwas vereinfacht, besagt der
Satz von *S. Bochner*, daß eine stetige positiv definite Funktion
immer als Fouriertransformierte eines endlichen Maßes auf B^p
geschrieben werden kann und umgekehrt (vgl. z.B. *E. Hopf*,
S. 10–13). Die Fouriertransformierte eines W-Maßes nennt man
auch die charakteristische Funktion der Verteilung (vgl. z.B.
H. Bauer (1974), S. 237–240). Da die dreidimensionalen Verschiebungen eine additive abelsche Gruppe bilden, kann man den Satz
von *M. H. Stone* leicht auch auf diesen Fall erweitern. [103]

81. Man kann direkt zeigen, daß dieser Operator ein Projektionsoperator ist, der mit U_a vertauscht und tatsächlich die Verschie-
bungsgruppe U_a liefert. Dieser Operator (bzw. die Funktion $h(x)$)

spielt die entscheidende Rolle beim Beweis des Satzes von
S. Bochner (vgl. z.B. *E. Hopf* (1937, 1970), S. 12). [105]

82. Die Schwierigkeiten mit dem Auftreten von v_0 lassen sich
umgehen, wenn man die Geschwindigkeitsmessung als Messung
der Größe $v - v_0$ definiert. [105]

83. Diese Spektraldarstellung, die dem Satz von *M. H. Stone*
für die diskreten einparametrigen linearen Gruppen von unitären
Operatoren entspricht, ist der Satz von *A. Wintner* (vgl. z.B.
E. Hopf (1937, 1970), S. 18). [108]

84. Wenn man mit $\left[\dfrac{x_1}{a_0}\right]^+$ die größere und mit $\left[\dfrac{x_2}{a_0}\right]^-$ die kleinere
zu $\dfrac{x_1}{a_0}$ bzw. $\dfrac{x_2}{a_0}$ benachbarte ganze Zahl bezeichnet, erhält man
mit $N = \left[\dfrac{x_2}{a_0}\right]^+ - \left[\dfrac{x_1}{a_0}\right]^-$

$$
UI_{[x_1, x_2]} = \sqrt{\frac{a_0}{2\pi}} \int e^{-i\lambda x} I_{[x_1, x_2]} \, d\mu_{AP}(x)
$$

$$
= \sqrt{\frac{a_0}{2\pi}} \sum_{\frac{x_1}{a_0} \leqslant j < \frac{x_2}{a_0}} e^{-i\lambda a_0 j}
$$

$$
= \sqrt{\frac{a_0}{2\pi}} \, e^{-i\lambda a_0 \left[\frac{x_1}{a_0}\right]^+} \sum_{j=0}^{N} e^{-i\lambda a_0 j}
$$

$$
= \sqrt{\frac{a_0}{2\pi}} \, e^{-i\lambda a_0 \left[\frac{x_1}{a_0}\right]^+} \frac{1 - e^{-i\lambda a_0 (N+1)}}{1 - e^{-i\lambda a_0}}
$$

$$
= \sqrt{\frac{a_0}{2\pi}} \, e^{-i\lambda a_0 \left(\left[\frac{x_1}{a_0}\right]^+ + \frac{N-1}{2}\right)} \frac{\sin \lambda a_0 \frac{N+1}{2}}{\sin \lambda \frac{a_0}{2}} \; ,
$$

bzw.

$$
\left| UI_{[x_1, x_2]} \right|^2 = \frac{a_0}{2\pi} \left| \frac{\sin \lambda a_0 \frac{N+1}{2}}{\sin \lambda \frac{a_0}{2}} \right|^2 .
$$

Berücksichtigt man das Maß $N + 1$ von $[x_1, x_2]$ im Nenner, liefert dies mit $\lambda = mv/\hbar$ bis auf den unwesentlichen Term mit v_0 die gesuchte Formel. [108]

85. Dies ist charakteristisch für das Lebesgue-Maß. Es ist das Lebesgue-Maß das Haarsche Maß auf der Gruppe der Verschiebungen des R^p (vgl. z.B. *H. Bauer* (1974), S. 48). [110]

86. vgl. z.B. *P. Tondeur* (1969), insbesondere S. 49. [110]

87. Dies ist die Grundidee für die Aufstellung der verallgemeinerten *Liouville*-Gleichung (*G. Gerlich* (1973), **Physica 69**, 458–466). In dieser Arbeit wird auch deutlich, daß für zeitabhängige Kräfte zwar die Gruppeneigenschaft verloren geht, aber trotzdem der Satz von *Liouville* gilt. Die Bewegungen eines physikalischen Systems als lineare Gruppe von Hilbertraumoperatoren zu betrachten, stammt von *B. O. Koopman* (1931) und war mit dem Satz von *Stone* die Grundlage für die Beweise der Ergodensätze (vgl. z.B. *E. Hopf* (1937, 1970), S. 26). Da bei nichtstationären Problemen das Zeitmittel keine so entscheidende Rolle spielt, ist klar, wieso in diesem Fall sowohl die Gruppeneigenschaft, als auch das durch den Satz von *Liouville* gesicherte zeitunabhängige Maß nicht mehr so entscheidend sind. [111]

88. vgl. z.B. *R. Abraham, J. E. Marsden* (1967), insbesondere S. 95, 151.
Wenn man nicht-differenzierbare maßtreue Abbildungen zuläßt, kann man kaum noch erwarten, daß die dynamische Gruppe in jedem Parametersystem aus Differentialgleichungen erhalten werden kann. Da aber die (unendlich oft) differenzierbaren Elemente aus $\widetilde{L}^2(\mu_L, C)$ dicht in $\widetilde{L}^2(\mu_L, C)$ liegen, kann man wiederum erwarten, nicht-differenzierbare Strömungen genügend genau (bis auf Mengen vom Maß Null) durch differenzierbare zu ersetzen, ohne daß die daraus berechneten W-Maße von den ursprünglichen unterschieden werden können. Bei einem beliebigen μ_G-Maß mit einer beliebigen Menge M wäre dies eventuell nicht so einfach. [112]

89. Dies wird im Prinzip in der von *P. Mittelstaedt* (1970) dargestellten Gravitationstheorie gemacht. [113]

Literatur

R. Abraham, J. E. Marsden: Foundations of Mechanics, W. A. Benjamin,
New York, Amsterdam (1967)

H. Bauer: Wahrscheinlichkeitstheorie und Grundzüge der Maßtheorie,
Walter de Gruyter, Berlin, New York (1974)

G. Gerlich: Vektor- und Tensorrechnung für die Physik, Vieweg-Verlag,
Braunschweig (1977)

H. S. Green: Quantenmechanik in algebraischer Darstellung, Springer-Verlag,
Berlin, Heidelberg, New York (1966)

W. Heisenberg: Die physikalischen Prinzipien der Quantentheorie, BI, HTB
Bd. 1, Mannheim (1930, 1958)

G. Hellwig: Differentialoperatoren der mathematischen Physik, Springer-
Verlag, Berlin, Göttingen, Heidelberg (1964)

E. Henze: Einführung in die Maßtheorie, BI, HTB Bd. 505 a/b,
Mannheim (1971)

A. Hobson: Concepts in Statistical Mechanics, Gordon and Breach,
Science Publishers, New York, London, Paris (1971)

E. Hopf: Ergodentheorie, Springer-Verlag, Berlin, Heidelberg, New York
(1937, 1970)

J. M. Jauch: Foundations of Quantum Mechanics, Addison-Wesley
Publishing Company, Reading, Massachusetts; Menlo Park, California;
London; Don Mills, Ontario (1973)

E. T. Jaynes: Information Theory and Statistical Mechanics, in Brandeis
Summer Institute 1962, Statistical Physics 3, W. A. Benjamin, New York,
Amsterdam (1963)

D. A. Kappos: Probability Algebras and Stochastic Spaces, Academic Press,
New York and London (1969)

T. Kato: Perturbation theory for linear operators, Springer Verlag, Berlin,
Heidelberg, New York (1966)

A. I. Khinchin: Mathematical foundations of information theory, Dover,
New York (1957)

G. Ludwig: Deutung des Begriffs „physikalische Theorie" und axiomatische
Grundlegung der Hilbertraumstruktur der Quantenmechanik durch
Hauptsätze des Messens, Springer-Verlag, Berlin, Heidelberg, New York
(1970)

G. Ludwig: Einführung in die Grundlagen der Theoretischen Physik,
Bertelsmann Universitätsverlag (1974)

G. W. Mackey: The Mathematical Foundations of Quantum Mechanics,
W. A. Benjamin, New York, Amsterdam (1963)

H. Meschkowski: Wahrscheinlichkeitsrechnung, BI, HTB Bd. 285/285a, Mannheim (1968)

P. Mittelstaedt: Lorentzinvariante Gravitationstheorie, Westdeutscher Verlag, Köln und Opladen (1970)

P. Mittelstaedt: Objektivierbarkeit, Quantenlogik und Wahrscheinlichkeit, in: Einheit und Vielheit, Festschrift für Carl Friedrich v. Weizsäcker zum 60. Geburtstag, herausgegeben von E. Scheibe und G. Süßmann, Vandenhoeck u. Ruprecht (1973)

J. v. Neumann: Mathematische Grundlagen der Quantenmechanik, Springer-Verlag, Berlin, Heidelberg, New York (1932, 1968)

M. Reed, B. Simon: Methods of Modern Mathematical Physics, I Functional Analysis, Academic Press, New York and London (1972)

H. Reichardt: Vorlesungen über Vektor- und Tensorrechnung, VEB Deutscher Verlag der Wissenschaften, Berlin (1957)

A. P. Robertson, W. J. Robertson: Topologische Vektorräume, BI, HTB Bd. 164/164a, Mannheim (1967)

W. Rudin: Functional Analysis, McGraw-Hill, New York (1973)

E. Scheibe: The Logical Analysis of Quantum Mechanics, Pergamon Press, Oxford, New York, Toronto, Sydney, Braunschweig (1973)

J. Schmidt: Mengenlehre I, BI, HTB Bd. 56/56a, Mannheim (1966)

H. Schubert: Topologie, B. G. Teubner, Stuttgart (1964)

P. Tondeur: Introduction to Lie Groups and Transformation Groups, Springer-Verlag, Berlin, Heidelberg, New York (1969)

V. S. Varadarajan: Geometry of Quantum Theory Vol. I, D. Van Nostrand Reinhold Comp., New York (1968)

Sachwortverzeichnis